U0907580

悦励志

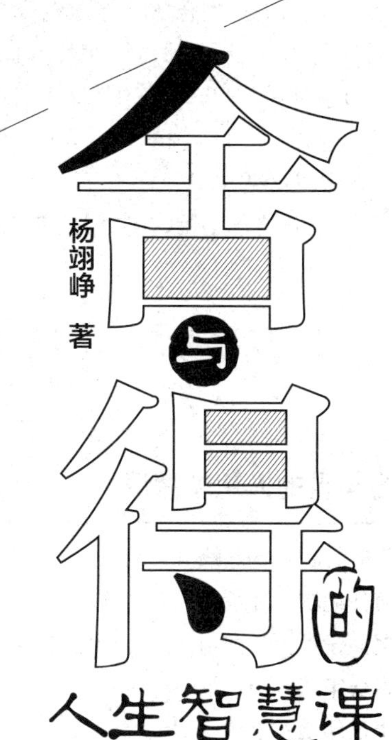

舍与得的人生智慧课

精华版

杨翊峥 著

舍，于人是慈悲，于己得精进。以舍为得，无处不春风。

中华工商联合出版社

图书在版编目（CIP）数据

舍与得的人生智慧课/杨翊峥著. --北京：中华工商联合出版社，2016.5（2021.6 重印）

ISBN 978-7-5158-1702-6

Ⅰ.①舍　Ⅱ.①杨　Ⅲ.①人生哲学-通俗读物　Ⅳ.①B821-49

中国版本图书馆CIP数据核字（2016）第140688号

舍与得的人生智慧课

作　　者： 杨翊峥
责任编辑： 郑承运　李　瑛
封面设计： 吕丽梅
责任审读： 李　征
责任印制： 迈致红
出版发行： 中华工商联合出版社有限责任公司
印　　刷： 唐山富达印务有限公司
版　　次： 2016年10月第1版
印　　次： 2021 年 6 月第 2 次印刷
开　　本： 710mm×1020mm　1/16
字　　数： 260千字
印　　张： 16
书　　号： ISBN 978-7-5158-1702-6
定　　价： 78.00 元

服务热线： 010-58301130
销售热线： 010-58302813
地址邮编： 北京市西城区西环广场A座19-20层，100044
http：//www.chgslcbs.cn
E-mail: cicap1202@sina.com（营销中心）
E-mail: gslzbs@sina.com（总编室）

PREFACE 前言

人的生命就像四季，既有春花秋实，也有夏月冬雪。春舍去了冬的严寒，得到春风的温柔和煦；秋舍去了夏的燥热，得到秋叶的静美。“舍”不是失去，而是得到。“舍弃”是人生的另一道风景，因为失去了未必一定痛苦，得到了也不一定幸福。

有时候，幸福就像掌心里的沙，抓得越紧，失去得越多；有时候，幸福就像水中的月，看似美丽，却无法触及。世上没有真正的“完美”，也没有绝对的“对”与“错”，更没有所谓的“永恒”。之所以抓不住幸福，得不到心灵的圆满，多半是因为我们看不开、想不开。

世上有多少痛苦的事情需要我们去面对：生，老，病，死，爱别离，怨长久，求不得，放不下……种种苦楚，让我们辗转反侧，求而不得。然而，人生就是因为不完美才有继续前进的动力，正是因求之不得而显得珍贵。如此看来，人生最大的痛苦不是求不得，而是放不下。我们对难已拥有的东西舍不得放弃，对已错过的东西舍不得忘记，心灵承载了太多外来的负担，所以更加痛苦。其实，能够舍得，懂得放下，就是解脱自身，更是一种幸福。

领悟了舍与得的真谛，就领取了幸福人生的入场券。幸福本来就不难，只是我们内心要求得太多，计较得太多。当生活中我们遇到烦恼事时，试着转念一想，也许就会豁然开朗；无论过去是好是坏，都把它留在记忆里。只有专注于现在，才能活在幸福的当下；苦苦地追求理想，努力了很久却徒劳无功，这时候，换一条路，也许就畅通无阻；遭到他人的伤害和误解时，多一份宽容心，便能赢得他人的尊重，换来无限广阔的人情空间；在繁忙的工作生活之余，尽量抽出时间让自己闲下来一小段时间，做回最本色的自己。

人生就该在难过的时候大声哭泣，高兴的时候放声歌唱。简简单单生活，简简单单做人，在舍与得、拿与放之间找到乐趣，就能每时每刻感悟到何为幸福。

这种舍与得的人生大智慧，对于现代社会繁忙劳碌的人来说，是应该铭记在心的。有鉴于此，本书将舍与得的人生智慧概括凝练地总结出来，以“舍得”和“放下”为基点，内容涉及心态、性格、选择、婚恋、职场等方方面面。行文清新优美，语言细腻睿智。相信每一篇小短文都会如同涓涓细流、丝丝清风般涌入你的心扉，让你在喧嚣尘世中收获一颗淡定的心，同时得到情感的释放和心灵的升华，聆听人世间最美妙的乐章。

编 者

2016年6月于北京

CONTENTS 目录

目录 CONTENTS

目录 CONTENTS

第五章

用宁静稀释苦闷，用淡定收获快乐

第六章

包容生活中的“不满”

C O N T E N T S 目录

目 录 CONTENTS

C O N T E N T S 目录

目 录 CONTENTS

第一章

人生中必然有舍，有得

人生何惧“归零”

人生的高度应是一份知足的恬然，生命的高度应是能取能舍、当取则取、当舍则舍、善取善舍的那份安然。

“舍得”一词最早出自《了凡四训》，世间万物在“舍”与“得”之间和谐统一。在古代，“舍”曾被视为一种值得提倡的处世态度；现如今，“舍”却经常被人们遗忘。的确，人往高处走，水往低处流。人应有理想、有追求，但是我们不仅仅要追求，也要学会舍弃。

要想采一束清新的山花，就得舍弃城市的繁华；要想做一名登山健儿，就得舍弃娇嫩白净的皮肤；要想拥有掌声，就得舍弃眼前的虚荣。梅、菊放弃安逸和舒适，才能得到笑傲霜雪的艳丽；大地舍弃绚丽斑斓的黄昏，才会迎来旭日东升的曙光；船舶舍弃安全的港湾，才能在深海中收获满船鱼虾。

俗话说：“万事有舍必有得。”“舍”与“得”就像小舟的两只桨、马车的两个车轮，相辅相成。“舍弃”是一种痛苦，但也是一种幸福。

在生活中，有时需要我们选择，但什么才是最难舍弃的，是一种道义，还是一段感情？为什么不能抛开和牺牲一些东西，而去获得另一些永恒的东西？

两个朋友一同去参观动物园。动物园非常大，他们的时间有限，不可能参观到所有动物。他们便约定：不走回头路，每到一处岔路口，就任意选择其中一个方向前进。

第一个路口出现在眼前时，路标上显示，一侧通往狮子园，一侧通往老虎山。他们琢磨了一下，选择了狮子园，因为狮子是“草原之王”。又到一处路口，分别通向熊猫馆和孔雀馆，他们选择了熊猫馆，熊猫是“国宝”嘛……

他们一边走，一边选择。每选择一次，就放弃一次、遗憾一次。因为时间不等人，如不这样做他们更遗憾。只有迅速选择，才能减少遗憾，得到更多的收获，找到幸福的感觉。

选择的过程是艰难的，选择了其中一个就意味着放弃了另一个。但只有懂得选择，舍得放弃，才能够减少更多的遗憾的结果。

假如我们失去某种心爱之物，会在我们的心里留下阴影，有时甚至因此而备受折磨。究其原因，就是因为我们没有调整心态去面对失去，没有从心理上承认失去，只沉湎于已不存在的过去，而没有想到去创造新的未来。与其留恋过去，不如去争取未来。放弃一些“烦琐”，是为了轻便地前行；放弃一丝“怅惘”，是为了轻快地歌唱。

然而，现今的社会是一个科技发达、物质丰富、充满竞争现象的社会。太多的时候，我们会被世上的名利、物质所迷惑，心中只想将其统统归于己有，而不想舍弃。于是心中就充满了矛盾，又忧愁、不安，心灵上就会承受很大的压力，以至于活得很累。舍弃我们不该要的东西，才能获得心的快乐。

拉斐尔11岁那年，一有机会便去湖心岛钓鱼。在鲈鱼钓猎开禁前的一天傍晚，他和妈妈又早早来钓鱼。安好诱饵后，他将渔线一次次甩向湖心，湖水在落日余晖下泛起一圈圈的涟漪。

忽然，钓竿的另一头沉重起来。他知道一定有大家伙上钩，急忙收起渔线。终于，拉斐尔小心翼翼地把一条竭力挣扎的鱼拉出水面。好大的鱼啊！它是一条鲈鱼。

月光下，鱼鳃地翕张着。妈妈打亮手电筒看看表，已是晚上10点——但距允许钓猎鲈鱼的时间还差两个小时。

“你得把它放回去，儿子。”母亲说。

“妈妈！”孩子哭了。

“还会有别的鱼的。”母亲安慰他。

“再没有这么大的鱼了。”孩子伤感不已。

他环视四周，已看不到管理员，但他从母亲态度坚决的脸上知道，母亲的决定无可更改。暗夜中，那鲈鱼抖动着身躯慢慢游向湖水深处，渐渐消失了。

这是很多年前的事了，后来拉斐尔成为纽约市著名的建筑师。他确实没再钓到那么大的鱼，但他为此终生感谢母亲。因为他通过自己诚实、勤奋、守法的优良品格，钓到了生活中的“大鱼”——事业上成绩斐然。

拉斐尔按照规定忍痛割爱，放弃不该要的鱼，但他收获了诚实的品质，懂得了守法，在自己以后的人生中收获得更多。

所有的心愿，只要符合法律和道德的要求，都应该受到尊重。我们必须明白：在生命的过程中，想让自己升华，就必须舍弃本性之外的东西，去追求淳朴的生活，这样才能活得惬意，活得洒脱。

人生的高度应是一份知足的恬然，生命的高度应是能取能舍、当取则取、当舍则舍、善取善舍的那份安然。

放弃，是为了更好地选择

在人生的一些关键问题上，“放弃”并不是低头或失败，而是为了更好地选择，又更好地经营自己的生活。

“鱼，我所欲也；熊掌，亦我所欲也。二者不可得兼，舍鱼而取熊掌也。”当我们面临选择时，必须学会放弃。放弃，并不意味着失败。但如果想兼得“鱼和熊掌”，恐怕连鱼也得不到了。

在人生紧要关头，在决定前途和命运的关键时刻，我们不能犹豫不决、徘徊彷徨，而必须明于决断，敢于放弃。法国艺术家杜拉斯曾说：“人之一生，不可能什么东西都能得到，总有可惜的事情，总有放弃的东西。不会放弃，就会变得极端贪婪，结果什么东西都得不到。”

人生中的许多事情，很多都无法由我们自己来左右。有些时候，“坚持”未必就是好事，或许“放弃”才是洒脱，是智者面对生活的明智选择。

加拿大有一条南北走向的山谷。山谷没有什么特别之处，唯一能引人注意的是它的西坡长满松、柏、女贞等树，而东坡却只有雪松。这一奇异景色之谜，许多人不知所以，然而揭开这个谜的人竟是一对普通的夫妇。

那年冬天，这对夫妇的婚姻正濒于破裂的边缘，为了找回昔日的爱情，他们打算开始一次浪漫之旅，如果能找回昔日的情分就继续生活，否则就友好分手。

来到这个山谷的时候，下起了大雪。他们支起帐篷，望着漫天飞舞的大雪，发现由于风向的缘故，东坡的雪总比西坡的更大更密。不一会儿，雪松上就落了厚厚的一层雪。不过当雪积到一定程度，雪松那富有弹性的树枝就会向下弯曲，直到雪从枝上滑落。这样反复地积，反复地弯，反复地落，雪松完好无损。可其他的树，却因没有这个本领，树枝被压断了。妻子发现了这一景观，对丈夫说："东坡肯定也长过杂树，只是不会弯曲才被大雪摧毁了。"少顷，两人突然明白了什么，紧紧拥抱在一起。

生活中我们承受着来自各方面的压力，久而久之，终将让我们难以承受。这时候，我们须像雪松那样弯下身来，不要一味固执不屈，才能够重新挺立，从而避免被压断。在人生的一些关键问题上，"放弃"并不是低头或失败。做一件自己做不到的事情，是对生命的一种浪费行为，有些时候只有学会放弃，才能卸下人生的种种包袱，轻装上阵。

曾经有这样一个故事：

父亲给孩子带来一条消息：某知名跨国公司正在招聘计算机网络员，录用后薪水自然是丰厚的，而且这家公司很有发展潜力，近些年新推出的产品在市场上十分走俏。孩子当然是很想应聘的，可他在职校接受培训已近尾声了，如果真的被聘用了，一年的培训就算中止了，连张结业证书都拿不上。孩子犹豫了。

父亲笑了，说要和孩子做个游戏。他把刚买的两个大西瓜放在孩子

面前，让他先抱起一个，然后，要他再抱起另一个。孩子瞪圆了眼，一筹莫展。抱一个已经够沉的了，两个是没法抱住的。

“那你怎么把第二个抱住呢？”父亲追问。

孩子愣神了，还是想不出招来。

父亲叹了口气：“哎，你不能把手上的那个放下来吗？”

孩子似乎缓过神来：是呀，放下一个，不就能抱上另一个了吗！

父亲提醒他：这两个机会总得放弃一个，才能获得另一个，就看你自己怎么选择了。孩子顿悟，最终决定应聘。后来，他如愿以偿地成了那家跨国公司的职员。

放弃今天的舒适生活，努力“充电”学习，是为了明天更好地生活。若是一味留恋今天的悠闲生活，则未来更可能艰难生活。学会放弃，可以使你轻装前行，去攀登人生更高的山峰。学会选择，你会发现，放弃并不是一件难事。牢记舍得，我们的生活将多些快乐，又更自如。

许多事情不可兼得，你必须有所选择，有所放弃。喜欢钓鱼的人可能都知道，要想钓到大鱼，就必须用香甜可口的食物做鱼饵。想要在某些领域取得成功，就必须在其他方面有所牺牲。

不是总得不到，而是占有太多

当我们看开了一切，将心放宽，将欲望释放出去，心内外就自然宽敞了。

宋代词人辛弃疾曾说道：“物无美恶，过则为灾”。就是说，东西本来没有好坏之分，但人占有得太多，利欲心就会作怪，让人舍不得放弃。生活就是如此，有的时候，痛苦和烦恼不是由于得到太少，反而是因为拥有太多。拥有太多，就会感到沉重、拥挤、烦恼、害怕失去。

“拥有”是一种简单原始的快乐，拥有得太多，就会失去最初的欢喜，变得越来越不如意。舍得放弃，才能从“占有太多”和“总得不到”的痛苦中解脱。

生活的道理就是得失的道理。有得就有失，得就是失，失就是得，而最高的境界，应该是无得无失。但是人们经常处于未得患得、既得患失的状态。明智的做法不是想着怎么抓住，而是学会如何放手。

有一位穷人向哲人哭诉：“先生，我生活得并不如意，房子太小、孩子太多、妻子性格太暴躁。您说我应该怎么办！”

哲人想了想，问他：“你们家有牛吗？”

“有。”穷人点了点头。

“那你就把牛赶进屋子里来饲养吧。”

一个星期后，穷人又来找哲人诉说自己的不幸经历。

哲人问他：“你们家有羊吗？”

穷人说：“有。”

“那你就把它放到屋子里饲养吧。”

过了几天，穷人又来诉苦。哲人问他：“你们家有鸡吗？”

“有啊，并且有很多只呢。”穷人骄傲地说。

“那你就把它们都带进屋子里吧。”

从此以后，穷人的屋子里便有了七八个孩子的哭声、太太的呵斥声、一头牛、两只羊、十多只鸡。三天后，穷人受不了了！他再度找到哲人，请他帮忙。

“把牛、羊、鸡全都赶到外面去吧！”哲人说。

第二天，穷人来看哲人，兴奋地说：“太好了，我家变得又宽又大，还很安静呢！”

穷人的烦恼不是源自房子太小，也不是因为孩子太多，更不是因为妻子的性格暴躁，而是因为他已经拥有很多，却不懂得知足。有一些人可能就像故事中的这位穷人一样，觉得自己的生活不如意，觉得自己一直得不到自己想要的。实际上，不是总得不到，而是占有太多，如果试着学会减少自己的欲念，就会发现自己想要拥有的早已经存在。

欲望是自己施加给自己的，就像这个穷人，要得太多，想掌控得太多，而又无力承担，“拥有”就会成为负担。当他看开了一切，将心放宽，将欲望释放出去，心内外就自然宽敞了。

当我们拥有更多的时候，我们的烦恼也就会相应增加。我们拥有得太多，但一个也不愿意舍弃，这个舍不得，那个也舍不得，所以生活中充满了无数的烦恼。我们心酸、难受，总觉得生活不如意，而当我们回归最简单的方式生活的时候，却不见得有这么多的烦恼，因为我们拥有的是简简单单的东西，所以我们会异常珍惜。当拥有的东西越来越多的时候，生活有了更多的干扰，而我们的能力又有限，但我们必须舍弃，所以我们痛苦。

有许多东西即便是占有了，也未必真的属于我们，还可能因为占有而让自己失去太多，明智的做法是应该学会“不占有、常放手”。

学会选择，懂得放弃

有时，人生就像一场大火，我们每个人唯一可做的就是从这场大火中多抢救一点儿东西出来，而并不一定去细细选取哪件东西最贵、最美。

选择了事业，也许要放弃爱情；选择了工作，也许要放弃考研、考博；选择了出国，也许要放弃更多、更珍贵的……

人生就是这样，在选择坚持什么的同时，也就选择了放弃另一些东西。人往往就是因为舍不得放弃，选择才变得异常痛苦，人生才变得异常沉重，甚至因为不堪重负而过早衰亡。

我们在看一部电视剧的时候，往往会被某个情节感动得流泪，不是为其中的男女主人公歇斯底里的哭喊而掉泪，而是因为在关键时刻的痛苦抉择。因为有抉择就会有放弃，放弃之所以痛苦是因为谁都不想失去，所以痛苦万分。但人生必须抉择，很多时候事情总不能两全其美，“选择”了也就代表“放弃”，人生因选择而痛苦，却因选择而让人更加明朗。

选择的过程是痛苦的，有时候甚至拿起菜单，我们会看着每一个菜的名字不知道吃什么，总怕点了之后不合心意，或者吃了这个错过了那个，总怕错过最好的那一个，于是看来看去还是不知道该如何抉择。人生也如菜单一样，菜单上的菜品，也总难选择，因为有所选择就会有所放弃，选择的过程也是一个放弃的过程，所以人总会难受，不断地权衡。

迈克·莱恩是一名探险队员。1976年，他随英国探险队成功登上珠穆朗玛峰。就在他们下山的时候，天开始下大雪，每行一步都极其艰难，最让他们害怕的是风雪根本就没有停下来的迹象。当整个探险队陷入迷茫的时候，迈克·莱恩提议丢弃所有的随身装备，只留下不多的食品，轻装前行。他的这一建议几乎遭到所有队员的反对，他们认为现在到山下最快也要10天时间，这就意味着这10天里不仅不能扎营休息，还可能因缺氧而使体温下降导致冻坏身体，那样，他们的生命就要受到威胁。

面对队友的反对意见，迈克·莱恩坚定地说："我们必须而且只能这样做，这样的天气，10天，甚至半个月都有可能不会好转，再拖延下去路标也会被全部掩埋。丢掉重物，就不允许我们再有任何幻想和杂念，只要我们坚定信心，徒手而行就可以加快行走的速度，也许这样我们还有生的希望！"最后，队友们采纳了他的建议，大家一路互相鼓励，忍受疲劳、寒冷，不分昼夜，只用了8天时间就到达安全地带。恶劣的天气确实正像莱恩所预料的那样，从未好转过。

后来，英国伦敦国家军事博物馆负责人找到迈克·莱恩，请求他赠送给博物馆任何一件与英国探险队当年登上珠峰有关的物品，莱恩毫不犹豫地将他那次下山时，因冻坏而被截下的10个脚趾和5个右手指尖交给了他。

正是由于莱恩当年正确地放弃，才挽救了所有队友的生命；也由于选择正确，他的登山装备无一保存下来，而冻坏的指尖和脚趾在医院截掉后留在了身边。这是博物馆收到的最奇特而又最珍贵的赠品。

权衡之下，莱恩放弃了重负，保住了生命。在紧要关头，选择重要的，放弃次要的，往往能够扭转局面。放弃与获取是一对矛盾的统一体。没有放弃就没有获取；得到的同时必然也会失去。很多聪明人明白这一道理，从不患得患失，更没有过多欲望，他们敢于放弃，所以无论干什么，都能取得成功。

人生短暂，与浩瀚的历史长河相比，世间一切恩恩怨怨、功名利禄皆为短暂的一瞬；得意与失意，在人的一生中更只是短短的一瞬。行至水穷处，坐看云起时；古今多少事，都付笑谈中。

“放弃”是一种智慧。它可以放飞心灵，可以还原本性，使你真实地享受人生；“放弃”是一种“选择”，没有明智的“放弃”就没有辉煌的“选择”。进退从容，积极乐观，必然会迎来光辉的未来。“放弃”绝不是毫无主见，随波逐流，更不是知难而退，而是一种寻求主动、积极进取的人生态度。

几十年的人生旅途，有山有水，有风有雨，有所得也必有所失。只有学会了放弃，我们方可拥有一份安宁祥和的心态，才会活得更加充实、坦然和轻松。

有时，人生就像一场大火，我们每个人唯一可做的就是从这场大火中多抢救一点儿东西出来，而并不一定去细细选取哪件东西最贵、最美。

适合自己的才是好的

你选择了不适合的，却一直在坚持，那结果就只能是南辕北辙。

人要懂得选择，还要学会变通，懂得舍与得之间的智慧。有首诗说得好“手把青秧插满田，低头便见水中天。心底清净方为道，退步原来是向前。”有时不切实际地一味执著，反而显得愚昧与无知，因为方向一旦错了，前进就是退步。方向选择对了，退步反而是进步，这也就是为什么人们常说：“放弃”是一种智慧。

西方有句谚语：你有所选择，同时你就有所失去。这在西方经济学上叫做机会成本，因为选择而放弃的那些就是机会成本。这是客观存在的，是交换。可是很多人就是想“鱼与熊掌兼得”，想同时看到硬币的正反面。

有位成功的商界女士在她的文章里写道：“几年之前，‘悔恨’放弃了美好世界的一切，只为了追求与他的爱情。几年之后，‘悔恨’放弃了一个好男人，说是追求自己的成就，可是现在自己站在顶楼办公室的落地窗前，又如何？两者之间真的不能兼得吗？”

有舍才有得，决定了就别反悔，生命的火车不等人。在你决定的同时，实际上你可能已经失去了某些东西。你唯一能够做的，就是想清楚，你所选择的是不是真的比你放弃的还重要。很多人后悔不是因为现

在的状况不如以前，而是因为他当时选择的时候，根本没有想清楚将来的状况会如何。

在同一个时间段内，你坐火车去北京，就不能同时去上海；你在外面忙碌挣钱，陪父母的时间就得减少；你去游山玩水，就放弃了工作挣钱的机会；你去思考为什么会后悔，实际上此时已经为你下一次“后悔”埋下了祸根。上一次选择的方向决定了下一次选择的方向，如果发现方向错了，就迅速停下，做你认为正确的事情。“当局者迷，旁观者清”。我们很多时候应该多听取别人的意见，以选择最优的方案。

“选择”是人一生的状态。因此重要的是要尽可能选择适合你的。如果你发现方向走错了，就应该马上停下来，换个正确的方向。你选择了不适合的，还一直在坚持，那结果就只能是南辕北辙，坚持得越久失败得越惨。

该拥有的要努力争取

对于那些应该拥有的东西，我们要努力争取；对于应该丢掉的包袱，要尽力割舍。

我们有很多事情须选择。舍弃应该舍去的，便是智者；舍弃不该舍去的，就是愚夫。

鸣蝉奋力地甩掉了外壳，因而获得了高空自由的歌唱；壁虎勇敢地挣断了尾巴，因而在危难中保全了它弱小的生命；算盘若填满自己的空位，变得座无虚席，将丧失自己的运算功能。所以，对那些不该拥有的东西，应当弃则弃。

现实生活是复杂的，而我们的承受力有限。如果大脑是一个仓库，不管仓库多大，一种东西充斥其中时，另一种东西必定无法入库。比如读书，当我们痴醉于武侠小说的刀光剑影中，我们就不能专注于复杂的几何方阵，不能用心记忆浩繁的英语单词。

所以，该舍弃的绝不能留恋，该拥有的要努力争取。

英国皇家学院公开张榜为大名鼎鼎的戴维教授选拔科研助手，这让年轻的装订工人法拉第激动不已，他赶忙到选拔委员会报名。但在选拔考试的前一天，法拉第被取消了考试资格，因为他是一个普通工人。

法拉第气愤地赶到选拔委员会同委员们理论。委员们傲慢地嘲笑说：“没有办法，一个普通的装订工人想到皇家学院来，除非你能得到戴维教授的同意！”法拉第犹豫了。如果不能见到戴维教授，自己就没有机会参加选拔考试。但一个普通的书籍装订工人要想拜见大名鼎鼎的皇家学院教授，他会理睬吗？法拉第顾虑重重，但为了自己的理想，他鼓足勇气去找戴维教授。

第一次敲门后，门内没有声响，当法拉第准备第二次叩门的时候，门“吱呀”一声开了。一位面色红润、须发皆白、精神矍铄的老者正注视着法拉第。

“门没有闩，请你进来。”老者微笑着对法拉第说。

“教授家的大门整天都不闩吗？”法拉第疑惑地问。

“干吗要闩上呢？”老者笑着说，“当你把别人闩在门外的时候，也把自己闩在了屋里。我才不当这样的傻瓜呢！”

开门的老者就是戴维教授。他将法拉第带到屋里坐下，听完了这个年轻人的话和要求后，写了一张纸条递给法拉第：“年轻人，你带着这张纸条去告诉委员会的那帮人，说戴维老头同意了。”

经过严格而激烈的选拔考试，书籍装订工法拉第出人意料地成了戴维教授的科研助手，走进了英国皇家学院那高贵而华美的大门。

正如法拉第一样，与其接受不公的命运，不如努力地去争取，不战而败如同运动员在竞赛时弃权，是一种怯懦的行为。作为一个有理想有坚持的人，就必须具备执著的信念和积极进取的精神，以及“即使失败也要努力争取”的勇气和胆略。

有的人之所以能成功，是因为他们明白该做什么，不该做什么；什么应该去坚持，而什么又该舍弃。名利富贵生不带来，死不带去。所以对其执著不忘，实在不宜。

苏联作家高尔基在他的房间失火时，没有顾及家具、财产、衣物，甚至没有顾及生命，而是从熊熊大火中搬出了几箱书。他舍弃了凡夫俗子眼中的财富，守住了那些启迪心智、净化心灵的真正的财富。

正确的“舍弃”，往往需要青松秋菊般的高尚风格。对于那些应该拥有的东西，我们要努力争取；应该丢掉的包袱，要尽力割舍。

付出，即可快乐

生活就是这样，当你为别人付出的时候，你的人生也会因此而升华。

一个不能给他人带来财富的人，自己也无法获得财富。有位名人说：人活着应该让别人因为你活着而得到益处。的确，学会给予和付出，你会感受到舍己为人，不求任何回报的快乐和满足。

世上有两种人，一种乐于索取，一种乐于付出。吝啬于付出的人，他的生活也将死气沉沉，被幸福疏远。付出的方式各不相同。有一种“付出”是对世界的看法、对生活的态度。正是这种对人生的态度决定了你一生是否幸福。

在太多的时候，我们只是在为自己而付出。付出汗水和辛劳来换取我们所应得的回报，但生活中我们也常常需要另外一种“付出”——为别人付出。同时，获得自己所需的财富和精神上的满足感。

生活就是这样，当你为别人付出的时候，你的人生也会因此而升华。

卡尔·海因茨·波姆在拍完电影《茜茜公主》之后，就息声影坛。20世纪50年代，他与扮演茜茜公主的罗密·施耐德在这部影片中的合作使全球的观众为之倾倒。但是，对于卡尔·海因茨·波姆来说，这已是很久以前的事了。因为后来他远离电影事业，在现实生活中扮演了一个完全不同的角色——作为援助人员，在极其贫困的埃塞俄比亚工作。

说起来，卡尔·海因茨·波姆的角色转换颇有戏剧色彩。多年前，卡尔·海因茨·波姆作为德国著名演员应邀参加德国电视的娱乐节目“咱们打个赌，好吧？”他打的赌是：当天晚上，为饥饿的非洲人捐款一马克以上的人数不会超过观看这个节目的观众的三分之一。他没有想到，他打的这个赌会改变他的后半生。捐款结果表明，卡尔·海因茨·波姆输了，这次节目中，德国人一共捐款120万马克。几个月后，他带着这笔捐款前往非洲最贫穷的国家之一——埃塞俄比亚，他自己都没有想到，这一去就留在了那里。后来，他和他成立的“人帮助人”基金会为援助埃塞俄比亚做了大量的工作。

埃塞俄比亚居民中82.5%是农民，总数约为6000万人。卡尔·海因茨·波姆说，埃塞俄比亚要获得发展，首先要建立现代化农业，要防止水土流失，进行农田建设，实行农田灌溉和绿化造林。这些也是“人帮助人”基金会的工作之一。

除此以外，卡尔·海因茨·波姆及其基金会还从事其他援助项目，如饮用水供应、扩建公路和建设学校。基金会一共建成了67所学校和三所职业培训中心。医疗保健也是基金会的工作中心之一，按照世界卫生组织的统计，埃塞俄比亚每33000人才有一名医生。为了改变埃塞俄比亚的医疗状况，卡尔·海因茨·波姆和他的工作人员做出了最大的努力，他们建成了40个医疗站、三所诊所和两所医院。

每一个实现的项目都是一项成就，但是卡尔·海因茨·波姆并不满足业已取得的成就。他说：“我在这里工作的目的是，有一天，埃塞俄比亚的政府首脑，不管他是谁，到我这里来，对我说：‘卡尔，你在这里已经待了很久，谢谢你。但是我们现在不需要你了，我们自己能解决这里的问题。’这就是我的愿望、我的目的，我为这个目的而工作。”

承担起自己应当负起的那份社会责任，更能创造不平凡的人生价值。一个真正有责任感的人，应该为他人用尽自己的才智、专长和精力。

奉献，其实没有想象得那么难。一件微不足道的小事，一次不经意的善举，都可以给另一个人带来温暖和快乐。在别人最需要的时候，一声问候、一句话，甚至一个同情的眼神，都可以带给别人极大的关怀。所以，不要忽视你所能付出的一点一滴，在这点滴之中付出你的爱心，从身边小事给别人以关怀，你就会成为一个善良而富有爱心的人。

学会付出是人类光辉人性的体现，同时也是一种处世智慧和快乐之道。

舍得的真意是“珍惜”

在我们的生命中，不断地有人离开或进入，我们无法把握时间去改变这些，但是我们可以用自己的心去珍惜自己生命中存在过的人。

一个人越是懂得去珍惜那些常人看来不值得珍惜的东西，就越是懂得去珍惜自己的人生。舍得的真意是“珍惜”，懂得珍惜的人，才是真正懂得舍得真意的人。

人应该要懂得去珍惜，不仅仅是珍惜自身，更要去珍惜他人，珍惜身边的每一件东西、每一件事物，即使它现今已变得残旧或者失去了有用的价值，依然不要去随便丢弃它，因为总有一天，它会被人合理利用。

要懂得珍惜，首先要学会惜福。学会惜福，我们才能懂得尊重每一件事物，尊重每一朵花恣意开放，尊重每一个独立与自由的生命。只有惜福，才能知道人与物、人与人，都是在一个特定的时空里相遇，一切皆是缘，惜缘就是惜福。

一天，一位中年妇女见自己家门口站着三位老人，便上前对老人们说：“你们一定饿了，请进屋吃点东西吧！”

“我们不能一起进屋。”老人们说。

“为什么？”中年妇女不解。

一位老人指着同伴说：“他叫成功，他叫财富，我叫善良。你现在进屋和家人商量一下，看看需要我们当中哪一位？”

中年妇女进屋和家人商量后决定把善良请进屋。她出来对老人们说：“善良老人，请到我家来做客吧。”

善良老人起身向屋里走去，另两位叫成功和财富的老人也跟进来了。

中年妇女感到奇怪，问成功和财富：“你们怎么也进来了？”

“善良是我们的兄弟，兄长在，我们也必须在，因为哪里有善良，哪里就有成功和财富。”老人们回答说。

其实就像这位老人说的那样，善良总是伴随着财富和地位一起而来，我们善待生命中曾出现的每一个人，珍惜他们，其实也是在善待我们自己。

在我们的生命中，不断地有人离开或进入，我们无法把握时间去改变这些，但是我们可以用自己的心去珍惜自己生命中存在过的人。我们与每一个人的相遇都是一种机缘，当有一天，我们回首的时候，发现那些当初很要好的人已经是天各一方，每个人都开始了没有我们的日子，那些曾经大大咧咧喊他“猪”的日子似乎已经很遥远了，想念斯人，却发现你已经连他的联系电话都没有了，于是后悔当初只因为一句话伤害彼此，后悔没有好好珍惜在一起的日子。

无论是什么时候，每一个人的出现都是自己的福分，感激上天给予你与每一个人的相逢，或许此刻你们亲近无比，但说不准哪一天你们从此分别，永远无法联系。为了我们的人生不遗憾，请善待我们生命中的每一位过客。

遇到你真正的爱人时，要努力争取和他相伴一生的机会，因为当他离去时，一切都来不及了；遇到可相信的朋友时，要好好地和他相处下去，因为在人的一生中，能遇到一个知己真的不容易；遇到人生中的贵人时，要记得好好感激，因为他是你人生的转折点；遇到曾经爱过的人时，记得微笑向他感激，因为他是让你更懂得爱的人；遇到曾经恨过的人时，要微笑着向他打招呼，因为他让你变得更坚强；遇到现在和你相伴一生的人，要百分百感谢他爱你，因为你们现在都得到幸福和真爱；遇到背叛你的人时，要跟他好好聊一聊，因为若不是他，今天你不会懂得这个世界；遇到曾经偷偷喜欢的人时，要祝他幸福，因为你喜欢他时，是希望他幸福快乐；遇到匆匆离开你的人，要谢谢他走过你的人生，因为他是你精彩回忆的一部分。

善待生命中每一个与你擦身而过的朋友，你的人生将轻松无比，又了无缺憾。

第二章

转念，就是转弯

活着是为充实自己，而不是迎合别人

与其把精力花在一味地去献媚别人，无条件地顺从别人，还不如把主要精力放在踏踏实实做人上，兢兢业业做事，刻苦地学习。

活着应该是为充实自己，而不是为了迎合别人。有的人总是考虑别人的看法，这是在为别人而活着，所以活得很累。

有些人认为：老实巴交，会吃亏，被人轻视；表现出格，又引来责怪，遭受压制；甘愿瞎混，实在活得没劲；有所追求，每走一步都要加倍小心。家庭之间、同事之间、上下级之间、男女之间……都不知道会生出怎样的是是非非。你和新来的女同事有所接近，有人可能会怀疑你有所企图；你到某领导办公室去了一趟，可能会引起这样或那样的议论；你说话直言不讳，有人可能感觉你骄傲自满，目中无人；如果你工作第一，不管其他，有人可能就会说你不是死心眼太傻，就是有权欲野心……

凡此种种议论和窃窃私语，可以说是无处不生，无孔不入。如果你有意无意地卷入某种旋涡，那你的大脑很快就会塞满乱七八糟的东西，弄得你头昏眼花，心乱如麻，自己的身心会很累。

一个农夫和他的儿子赶着一头驴到邻村的市场去卖。没走多远就看见一群姑娘在路边谈笑。一个姑娘大声说："嘿，快瞧。你们见过这种傻瓜吗？有驴子不骑，宁愿自己走路。"农夫听到这话，立刻让儿子骑上驴，自己高兴地在后面跟着走。

不久，他们遇见一群老人正在激烈地争执："喏，你们看见了吗？如今的老人真是可怜。看那个懒惰的孩子自己骑着驴，却让年老的父亲在地上走。"农夫听见这话，连忙叫儿子下来，自己骑上去。

没过多久又遇上一群妇女和孩子，几个妇女七嘴八舌地喊着："嘿，你这个狠心的老家伙！怎么能自己骑着驴，让可怜的孩子跟着走呢？"农夫立刻叫儿子上来，和他一同骑在驴的背上。

快到市场时，一个城里人大叫道："哟，瞧这驴多惨啊，竟然驮着两个人，它是你们自己的驴吗？"另一个人插嘴说："哦，谁能想到你们这么骑驴，依我看，不如你们两个驮着它走吧。"农夫和儿子急忙跳下来，他们用绳子捆上驴的腿，找了一根棍子把驴抬了起来。

他们卖力地想把驴抬过闹市入口的小桥时，又引起了桥头上一群人的哄笑。驴子受了惊吓，挣脱了捆绑撒腿就跑，不想因失足落入河中。农夫既恼怒，又羞愧，空手而归。

故事中农夫的行为十分可笑。不过，这种任由别人支配自己行为的事并非只在故事里出现。找不到自我，生活是苦不堪言的，找不到自我的人生是索然无味的，丧失自我是悲哀的。要想拥有美好的生活，必须自强自立，拥有良好的生存能力。没有生存能力又缺乏自信心的人，就会失去自我。一个人若失去自我，就没有做人的尊严，更无法获得别人的尊重。

我们无法改变别人的看法，能改变的仅是我们自己。想要讨好每个人是不现实的，也是没有必要的。与其把精力花在一味地去献媚别人，

无条件地顺从别人，还不如把主要精力放在踏踏实实做人上，兢兢业业做事，刻苦地学习。改变别人的看法总是艰难的，改变自己总是容易的。

有时自己改变了，也能自然地改变别人的看法。太在乎别人的评价，自己不努力自强，人生会苦不堪言。别人公正的看法，应当作为我们的参考，以利于修身养性；别人不公正的看法，不要把它放在心上，以免影响我们的心情。如此一来，我们就不会为别人的看法耿耿于怀，可以按照自己的意愿去生活了。

错了，就该弥补而非自责

智者即是如此，犯了错误，他不会一味自责、内疚或寻找借口，而是采取适度的方式正确地对待。

“金无足赤，人无完人”。即使是全世界最出色的足球运动员，多次传球，也有少量失误；最精明的股票投资专家，也有被套牢的时候。我们每个人都不是完人，都有可能存在这样或那样的过失，没有人能保证自己的一生不犯错误，只是错误的程度不同罢了。如果不断追求完美，对自己做错或没有达到完美标准的事深深地自责，那么一辈子都会背着罪恶感生活。

过分苛求完美的人，常常伴随着莫大的焦虑、沮丧和压抑。事情开始时，他们就担心失败，生怕干得不够漂亮，这就妨碍了他们全力以赴地去争取成功。一旦失败，他们就会异常灰心，想尽快从失败的境遇中逃离。他们没有从失败中获取任何教训，而只是想方设法让自己避免尴尬的场面。

很显然，背负着如此沉重的精神包袱，不用说在事业上谋求成功，在自尊心、家庭问题、人际关系等方面，也不可能一帆风顺。抱着一种不正确和不合逻辑的态度对待生活和工作，永远也无法让自己感到满足，每天都会焦虑不安。

智者即是如此，犯了错误，他不会一味自责、内疚或寻找借口，而是采取适度的方式正确地对待。

张爱玲在她的小说《红玫瑰与白玫瑰》中描写了男主角佟振保的爱情故事，同时也一针见血地道破了男人的心理及完美之梦破灭：白玫瑰有如圣洁的恋人，红玫瑰则是热烈的情人。娶了白玫瑰，久而久之，变成了衣服上的一粒饭粘子，而红玫瑰则有如心口的朱砂痣；娶了红玫瑰，年复一年，则变成墙上的一抹蚊子血，而白玫瑰则仿佛是床前明月光。

事实上，世界上根本就没有真正的“最大”“最美”，人们要学会不苛求自己和他人完美，而是要宽容一些。

世界并不完美，人生当有不足。对于每个人来讲，不完美的生活是客观存在的，无须怨天尤人。不要再继续偏执了，给自己的心留一条退路，不要因为不完美而恨自己，不要因为自己的一时之错而埋怨自己。看看身边的朋友，他们没有一个是十全十美的。

“完美”往往只会成为人生的负担，绷紧了完美的弦，它却可能发不出声来。那些爱自己、宽容自己的人，才是生活中的智者。

像接受“完美”一样接受“缺憾”

十全十美的人和事物根本不存在，不要因为缺憾而苛求自己。

大多数人对人生总是抱有一种力求完美的心态，凡事都要全力以赴，事事都不甘心落后于人。可是人生根本没有所谓“十全十美”的事情，不必把自己折腾得这么累。凡事尽力而为即可，无法改变的事情就不要过度在意，要懂得从内心善待自己，才能成为一个幸福快乐的人。

每个人都会有这样那样的缺憾，真正完美的人是不存在的，即使是中国古代的四大美女，也有各自的不足之处。相传，西施的脚大，王昭君双肩仄削，貂蝉的耳垂太小，杨贵妃还患有狐臭。道理虽然浅显，可当我们真正面对自己的缺憾、面对生活中不尽如人意之处时，却又总感到懊恼、烦躁。

有一个女孩从小的梦想是成为一位歌唱家，可是她长得并不好看。她的嘴很大，牙齿很暴露，每一次公开演唱的时候——在新泽西州的一家夜总会里——她都想把上嘴唇拉下来盖住她的牙齿。她想要表演得“很美”，结果她使自己出了丑。

可是，有一个在那家夜总会里听这个女孩子唱歌的人，认为她很有天分。“我跟你说，”他很直率地说，“我一直在看你的表演。我知

道你想掩藏的是什么，你觉得你的牙长得很难看。”这个女孩子非常尴尬，可是那个人继续说道：“这是怎么回事？难道说长了龅牙就罪大恶极吗？不要去遮掩，张开你的嘴，观众欣赏的是你的歌声。再说，那些你想遮起来的牙齿，说不定还会带给你好运呢。”

她接受了他的建议，没有再去注意牙齿。从那时候开始，她只想到她的观众，她张大了嘴巴，热情而愉快地唱着。后来，她成为电影界和广播界的一流红星。她是叫凯丝·达莉。

世间没有完美无瑕的玉，没有无缺点的人，没有绝对的事物，为追求这种东西而耗费生命的人，非常不值。智者再优秀也有缺点，愚者再愚蠢也有优点。对人多正面评估，没有必要一味放大缺点。避免以完美主义的眼光，去观察每一个人，要以宽容之心包容其缺点。责难之心少有，宽容之心多些。

对于我们每个人来说，“不完美”是客观存在的，无须怨天尤人，而应当快乐地接受。

有一个人得到了一张精致的由檀木做成的弓。他非常珍惜这张弓——它射得又远又准。

有一次，这个人一边观察檀木弓，一边想：它还是有些笨重，外观也无特色，请艺术家在弓上雕一些图画就好了。于是，他请艺术家在弓上雕了一幅完整的行猎图。

这个人拿着这张完美的弓，心中充满了喜悦。“你终于变得完美了，我亲爱的弓！”

这个人一面想着一面拉紧了弓，这时，弓因为雕刻后而变得脆弱，“咔”的一声断了。

人生就像这个人手中的弓，追求完美唯一的结果，就是让这张弓毁于一旦。其实，人生远没有我们想象得那么复杂，过于在意，反而会因为紧张而失去。所以，在经历一些苦痛时，我们也应该学会释怀，就把生命当成是一场旅行，每一处都是一道风景。景色不好，你就可以少花费一点时间在这里；景色很好，你才驻足观赏。这样的人生会增添许多乐趣。

我们应该认识到，十全十美的人和事物根本不存在，不要因为不完美而恨自己。哲学家伏尔泰曾说：“幸福，是上帝赐予那些心灵自由之人的人生大礼。”这句话足以点醒每一个追求幸福的人：要做幸福的人，首先要当自己思想、行为的主人。换言之，只有做自己，做个完完全全的自己，人生的幸福才会降临，这就是幸福者的秘密。

不必羡慕别人的花园，你也有自己的沃土

我们根本就没必要将自己的眼光一直投放在别人的生活上，多关注一下自己，欣赏一下自己的人生，才能彻底体会到生活的快意。

生活中有些人羡慕那些明星、名人日日淹没在鲜花和掌声中，名利双收，以为世间苦痛都与他们无缘。这是羡慕别人的盲区，也是一些人羡慕别人光鲜处的原因。事实上，走进明星、名人的生活，他们同样有着不为人知的心酸。美国前总统里根曾在晚年备受儿子冷落；戴安娜如果没有魂断天涯，又有几人知道她与查尔斯王子那场“经典爱情”竟然是那么糟糕……

俗话说，“人生失意无南北”，宫殿里也会有悲恸，茅屋里同样也会有笑声。在日常生活中，无论是别人展示的，还是我们关注的，总是风光的一面、得意的一面。于是，站在城里，向往城外；一旦走出了城，就会发现生活其实都是一样的。所以，我们根本就没必要将自己的眼光一直投放在别人的生活上，多关注一下自己，欣赏一下自己的人生，才能彻底体会到生活的快意。

在一条河的两岸，一边住着平民，一边住着僧人。平民们看到僧人们每天无忧无虑，只是诵经撞钟，十分羡慕他们；僧人们看到平民每天日出而作、日落而息，也十分向往那样的生活。日子久了，他们都各自在心中渴望着：到对岸去。

一天，平民们和僧人们达成了协议。于是，平民们过起了僧人的生活，僧人们过上了平民的日子。

几个月过去了，成了僧人的平民们发现，原来僧人的日子并不好过，悠闲自在的日子只会让他们感到无所适从，便又怀念起以前当平民的生活来。

成了平民的僧人们也体会到，他们根本无法忍受世间的种种烦恼、辛劳、困惑，于是也想起做和尚的种种好处。

又过了一段日子，他们各自心中又开始渴望到对岸去。

由此可见，我们眼中的他人的快乐，并非真实生活的全部。那些认为自己太差的人，实际是他们心灵的空间挤满了太多的负担，因而无法欣赏自己真正拥有的东西。其实人不必对自己太苛求，家家有本难念的经，谁都未必一定比别人出色。有位哲人说过：和别人比是愚夫，和自己比才是真正的聪明人。

其实，每个人身上都有让别人羡慕的地方，同样也有让自己不满意的地方。每个生命都有欠缺，不必与人无谓地比较，珍惜自己所拥有的一切就好。

一位年轻人总是埋怨自己时运不济，生活不幸福，终日愁眉不展。

这一天，走过一个须发俱白的老人，问：“年轻人，干吗不高兴？”

“我不明白我为什么老是这么穷。”

“穷？我看你很富有嘛！”老人由衷地说。

“这从何说起？”年轻人问。

老人没有正面回答，反问道：“假如今天我折断了你的一根手指，给你1000元，你干不干？”

“不干！”年轻人回答。

“假如折断你的一根手指，给你10000元，你干不干？”

“不干！”

“假如让你马上变成80岁的老翁，给你100万元，你干不干？”

“不干！”

“这就对了，你的青春能换来的钱，已经超过了100万元呀！”老人说完，笑吟吟地走了。

拥有健康的身体，已经是最大的“富足”。永远不要眼红那些看上去幸福的人，其实你不知道他们背地里的“悲伤”。在这个社会上，明星富豪们的外表实在令人艳羡，但深究其里，冷暖自知，说不定他们在镜头背后的生活更加苦不堪言。

不要再去羡慕别人的美丽花园，因为你也有你的自己的沃土。也许你的花开得不如别人的鲜艳夺目，但你的花具有除观赏以外的价值。好好计算命运给你的恩典，你就会发现你所拥有的绝对比没有的要多出许多，而有缺陷的那一部分虽不可爱，却也是你生命的一部分，接受它且善待它，人生会快乐、豁达许多。热爱你的生命，它会焕发出更明亮的光彩。

转念便是转弯，转弯便有出路

生命的真谛是实现人生价值，而不是追求虚名；面对现实环境，应该懂得转弯迂回和成长，而不是直撞或逃避。

行走中的人既要能够看到远处的山水，也要能够近看自己脚下的路。“不计较一时得失，基于全景考虑而变通”，往往是抵达目的地的一条捷径。变通，既是为了通过，更是为了向前。

“穷则变，变则通”。生命的旅途中既有平坦的大道，也有崎岖的小路，聪明的人既向往四通八达的大道，也憧憬小路上的美丽风景；生命的轮转中四季交替，既有姹紫嫣红、草长莺飞的明媚春光，也有银装素裹、万物凋零的凛凛冬日。万物生灵随着季节轮转，也在调整着自己的生存方式。

在生命的春天中，我们尽可以充分享受和煦的春风、温暖的阳光；而遭遇寒冬之时，要及时调整步速，不急不躁地把握住生命的脉搏。

人的一生总要经风历雨：横冲直撞、一味拼杀是莽士；运筹帷幄、懂得变通才是智者。

从前有一个穷人，他有一个非常漂亮的女儿。穷人家境拮据，妻子又体弱多病，不得已向富人借了很多钱。年关将至，穷人实在还不上欠

富人的钱，便来到富人家中请求允许拖延一段时间再还。

富人不相信穷人家中困窘到了他所描述的地步，便要求到穷人家中看一看。

来到穷人家后，富人看到了穷人美丽的女儿，坏主意立刻就冒了出来。他对穷人说：“我看你家中实在很困难，我也并非有意难为你。这样吧，我把两个石子放进一个黑罐子里，一黑一白，如果你摸到白色的，就不用还钱了；但是如果你摸到黑色的，就把女儿嫁给我抵债！”

穷人迫不得已只能答应。

富人把石子放进罐子里时，穷人的女儿恰好从他身边经过，只见富人把两个黑色石子放进了罐子里。穷人的女儿刹那间便明白了富人的险恶用心，但又苦于不能立刻当面拆穿他的把戏。她灵机一动，想出了一个好办法，悄悄地告诉了父亲。

于是，当穷人摸到石子并从罐子里拿出时，他的手“不小心”抖了一下，富人还没来得及看清颜色，石子便已经掉在了地上，与地上的一堆石子混杂在一起，难以辨认。

富人说：“我重新把两颗石子放进去，你再来摸一次吧！”

穷人的女儿在一旁说道：“不用再来一次了吧！只要看看罐子里剩下的那颗石子的颜色，不就知道我父亲刚刚摸到的石子是黑色的还是白色的了吗？”说着，她把手伸进罐子里，摸出了剩下的那颗黑色石子，感叹道：“看来我父亲刚才摸到的是白色的石子啊！”

富人顿时哑口无言。

“重来一次”意味着穷人摸到黑白石子的概率仍然各占一半，而穷人的女儿通过思维转换，成功地扭转了双方所处的形势。所以，很多时候与其硬碰硬，不如变通更有效果。当客观环境无法改变时，改变自己的观念，学会变通，才能在绝境中走出一条坦途。

生活中许多事情往往都要转弯，路要转弯，事要转弯，命运有时也要转弯。“转弯”是一种“改变”与“变通”，是调整状态，也是一种心灵的感悟。生命就像一条河流，不断回转蜿蜒，才能越过崇山峻岭，汇集百川，成为巨流。生命的真谛是实现人生价值，而不是追求虚名；面对现实环境，懂得转弯迂回变通，而不是“硬碰硬”或逃避。

不能改变别人，就改变自己

有的人用习惯的力量让自己抓住了命运的手；有的人虽然最初与命运擦肩而过，但是他们改变了自己，又让命运转回了微笑的脸。

在威斯敏斯特教堂地下室里，英国圣公会主教的墓碑上刻着这样的一段话：

当我年轻自由的时候，我的想象力不受限，我梦想改变这个世界。

当我渐渐成熟明智的时候，我发现这个世界是不可能改变的，于是我将眼光放得短浅了一些，那就只改变我的国家吧！

但是我的国家似乎也是我无法改变的。

当我到了迟暮之年，抱着最后一丝努力的希望，我决定只改变我的家庭、我亲近的人。但是，唉！他们根本不接受。

现在在我临终之际，我才突然意识到：如果起初我只改变自己，接着我就可以依次改变我的家人。然后，在他们的激发和鼓励下，我也许就能改变我的国家。再接下来，谁又知道呢，也许我连整个世界都可以改变。

这段墓文令人深思。

大文豪托尔斯泰也说过类似的话："全世界的人都想改变别人，就是没人想改变自己。"命运对每个人都是公平的，有的人用习惯的力量让自己抓住了命运的手；有的人虽然最初与命运擦肩而过，但是他们改变了自己，又让命运转回了微笑的脸。

原一平，美国百万圆桌会议终生会员，被誉为日本的"推销之神"。其实他小时候脾气暴躁、调皮捣蛋、叛逆顽劣，被乡里人称为无药可救的"小太保"。

有一天，他来到东京附近的一座寺院推销保险。他口若悬河地向一位老和尚介绍投保的好处。老和尚一言不发，很有耐心地听他把话讲完，然后以平静的语气说："听了你的介绍之后，丝毫引不起我的投保兴趣。年轻人，先努力去改造自己吧！""改造自己？"原一平大吃一惊。"是的，你可以去诚恳地请教你的投保户，请他们帮助你改造自己。倘若你按照我的话去做，他日必有所成。"

从寺庙里出来，原一平一路想着老和尚的话，若有所悟。接下来，他组织了专门针对自己的"批评会"，请同事或客户吃饭，目的是为让他们指出自己的缺点。

原一平把大家的看法一一记录下来。通过一次次的"批评会"，他把自己身上的缺点一点点消除了。

与此同时，他总结出了含义不同的39种笑容，并一一列出各种笑容要表达的心情与意义，然后对着镜子反复练习。他像一只成长的蚕蛹，悄悄地走向蜕变。

他最终成功了，并被日本国民誉为"练出价值百万美元笑容的小个子"，且被美国著名作家奥格·曼狄诺称为"世界上最伟大的推销员"。

“我们这一代最伟大的发现是，人类可以由改变自己而改变命运。”原一平用自己的行动印证了这句话。

也许你不能改变别人、改变世界，但你可以改变自己。幸福、成功，从改变自己开始。一个不想改变自己命运的人是可悲的；一个不能靠自己的能力改变命运的人是不幸的。

古今中外的成功者无不是凭借自己的努力奋斗，掌控命运之舟，在波峰浪谷间破浪扬帆。所以，如果想要改变这个世界，首先要去改变自己。

放下“执著”，享受不负重的人生

抓得越紧，越会患得患失。快乐就会越来越少，烦恼就会越来越多。

人之所以有痛苦和烦恼，是因为放不下执著心。放下“执著”心，放下让自己感到沉重的东西，放下不该属于自己的东西，自己才会轻松。

就是因为人有执著的心，总是紧紧地抓牢无关紧要的事情。于是，这样的人就活在烦恼中，活在痛苦中。其实“放下”不是无奈，而是一种对于人生坦然的态度，是一种对人生透彻的悟性，是一种追求人生境界的灵性。

不必在乎所有的事情，更不必所有事情都牢牢地记在心里。生活轻松着也可以过，痛苦着也可以过。生命之路，负重也是走，闲庭信步也是走，所以不妨让自己的人生变得轻松些。苦苦追求不属于自己的东西，念念不忘那些所谓的陈年旧事，等于自讨苦吃。

两个农夫一起出行，途经一条小河。他们正要过河。忽然看见一个妇人站在河边发愣，原来妇人不知河深浅，不敢轻易过河。年纪比较大的农夫立刻上前去，把那个妇人背过了河。

两个农夫继续赶路。可是在路上，那个年纪较大的农夫一直被另一个农夫抱怨，说他背个妇人过河，简直太傻了。

年纪较大的农夫一直沉默着，最后他对另一个农夫说："你之所以到现在还喋喋不休，是因为你一直都没有在心中放下这件事，而我在放下妇人的同时，也把这件事放下了，所以才不会像你一样烦恼。"

事事都放在心上，就像是手中抓满了沙子，握得越紧，留在手心的沙子越少；张开手，反而会留住更多。过于执著的人，想把事事都抓牢，以为这就是能够得到快乐的途径，以为这样就可以避免烦恼侵袭，但往往适得其反。越过于在意，越会患得患失，"快乐"就会越来越少，烦恼就会越来越多。

"快乐"是我们一直在追求的东西，简单地拥有；快乐使人忘记失意。对自己面前的一些事情，用平和的心态去对待，而不是一味强求，要让自己活在一片坦然之中。如果对旧事念念不忘，就会让自己活在痛苦的世界中，却还以为是世界背叛了自己。反倒不如把一些事情放下，让自己有更多的空间和时间去看待这个世界，让自己用一双没有被世俗污染的双眼去审视自己的内心。"快乐"其实很简单，少一点要求，少一些庸人自扰，便可以放下所有的牵绊。

有一个学生前去拜见老师，问道："老师，为什么我觉得自己这些年来总是没有长进？"

老师笑着说："先喝杯水吧！"于是就端起桌子上的茶壶，往杯子里倒水。杯子很快倒满了，老师却仍不罢手，依旧往杯里注水。

学生提醒他："杯子已经注满了。"

老师对弟子说："再倒一些吧，说不定能倒更多一些呢！"

学生笑着说："杯子已经满了。你再怎么倒也不能增加杯里的水。"

老师意味深长地答道："人生也是这道理，要想装进去新东西，就必须先把旧东西倒出来。"

如果世界里充满的是烦恼，那根本就没有快乐的立锥之地。静下心来，放下过多的执著，用心去感受生活，用随缘的心去面对生活。不是所有的事情都牢牢地抓到手中就是幸福快乐，不是对所有的事情念念不忘就是幸福快乐。不是将每分每秒都记得清清楚楚就是幸福快乐。人生可以洒脱一点，简单一点，快乐一点。

学会有所放弃，让自己将心中的执念倾出，把烦恼赶出你的世界，学会一片澄心去面对世界，才能感悟美好的世界。抓得太紧只会庸人自扰，而顺其自然，就是让你的世界更豁达，更精彩。

站在不同的角度看问题

换一个视角看待世界，世界无限宽大；换一种立场对待人事，人事无不轻安。

在我们周围，有些人在面对困难、失败、烦恼等情况时，总是无法从悲观低沉的情绪中解脱出来。这是因为自己太过执著于一个方向、一个角度、一个逻辑了，导致自己无法原谅自己。遇到问题的时候，我们不妨试着改变一种想法和态度，尝试站在不同的角度来思考，或许这样你能看到不一样的状况——好的未必好，坏的未必糟。

有位哲人曾说："我们的痛苦不是问题的本身带来的，而是我们对这些问题的看法而产生的。"这句话说得十分贴切，它引导我们学会解脱，而解脱的最好方式是，面对不同的情况，用不同的思路，多角度地分析问题。因为事物都是多面的，视角不同，所得出的结果就不同。

转换看问题的视角，就是不能用一种方式去看待所有的问题和问题的所有方面。如果那样，就会钻进一个死胡同，陷在矛盾中不能自拔。

有一个年轻人大学毕业后应聘到一家大公司做主管，老板很赏识他，每月给他的薪水5000元。他也很感激老板的知遇之恩，于是便竭尽全力地工作。除了做好自己的本职工作外，还努力帮老板搞营销策划，帮助公司赚了不少钱，老板也并没有亏待他，他的薪水不断上升，三年之中涨到了8000元。

后来公司人员调整，有了一个部门经理职位空缺。公司的同事都说这个位子一定是这个年轻人的，而他也认为这个位置非自己莫属，因为他的业绩是大家有目共睹的。可是名单公布以后出乎大家的意料，接任的是一个各方面都比不上这个年轻人的员工。这个年轻人有点受不了，他非常伤心，工作情绪也一落千丈。他觉得无论自己付出再多的汗水，老板也不会领情。

情绪低落影响到了他自己的正常工作，老板已经警告过他，让他以后要注意了。对此他很烦恼，便找自己的好朋友诉苦。

他的好朋友听了之后对他说："其实很简单，你只要想到自己只是一个打工者，而老板就是老板。在老板眼里，你所有的业绩都是应该的，如果你不是这样努力，凭什么拿这样高的薪水呀！"听朋友说完，这个年轻人望了朋友一会儿，便低下头沉默不语。

第二天，这个年轻人打电话告诉他的好朋友，说自己已经想通了。想通之后，他还是和以前一样努力工作，不再去想职位的问题了。几个月后，老板任命他做了一个更为重要的部门的经理。

后来老板告诉他，本来上次想让他担任那个职位，可是又考虑用他会大材小用，以后还有更重要的部门可能会更需要他，所以就安排了别人。年轻人这才恍然大悟。

他对好朋友说："谢谢你，你的话不但使我得到了一个职位，还让我学会换一种角度去看问题。"

换个角度看问题，你就会从容坦然地面对生活。当痛苦向你袭来时，不要悲观气馁，要寻找导致痛苦的原因和战胜痛苦的方法，勇敢地

面对多样的人生。换个角度看问题，你就不会为战场失败、商场失手、情场失意而颓废，也不会为名利加身、赞誉四起而得意忘形。换个角度看问题，是突破、解脱、超越、一种高层次的坦然心态。转一个视角看待世界，世界无限宽大；换一种立场对待人事，人事无不轻安。

任何事情都有两面性，换个角度去看事情，会给我们更多的启示。“司马光砸缸”的故事也说明了同样的道理。常规的救人方法是把人从水缸里拉出来，即让人离开水。司马光急中生智，用石头砸破缸，使水流出缸外，即让水离开人，这就是从另外一个角度看问题。

做第二名也其乐无穷

有时候发生在我们身边的事情并不是一定要分出个高低。

在赛场上，第一名只有一个；在人生中，各行各业的第一名也只有一个。只有第一名能够享受荣耀，享受别人的欢呼。可是，在生活中，并不是只有第一名才是幸福的。即使赚钱没有别人多，业绩没有别人好，都用不着沮丧，只要我们的心是快乐的，谁也阻挡不了我们幸福。我们奋斗了、拼搏了，做第二名也其乐无穷。

一位思想家曾说："不要为自己所没有的东西感到苦恼，能享受自己现在所拥有的，才是最聪明的人。"法国哲学家孟德斯鸠也说过："假如一个人只是希望幸福，这很容易达到。然而，我们总是希望比其他人幸福，这就是困难所在，因为一般人坚信，其他人比自己实际上更幸福。"

拥有幸福是一件很简单的事，但是懂得做第二名，懂得珍惜幸福，却一点儿也不简单。

1968年，第一位踏上月球的宇航员阿姆斯特朗曾说过："这是我个人的一小步，却是全人类的一大步。"他也因此壮举而名留青史，成为全世界人民心目中的大英雄。然而，当时登陆月球的人除了阿姆斯特朗还有他的队友奥德伦。当时，两人先后踏上月球，只有一步之差。阿姆

斯特朗以“踏上月球的第一人”闻名于世，知道奥德伦的人却是寥寥无几。

在庆功宴上，当人们为这项前所未有的壮举感到骄傲不已时，一名记者突然问奥德伦：“阿姆斯特朗先下了太空舱，成为登陆月球的第一人，你会不会觉得有些遗憾？”

众人纷纷把目光投向奥德伦，看他怎么接下这突如其来的烫手山芋。

此时，气氛一下子降到了冰点，连太空英雄阿姆斯特朗都显得有些尴尬。然而，奥德伦神情自若，微微一笑：“各位，千万别忘了，回到地面时，我可是最先走出太空舱的。所以，我是别的星球来到地球的第一人。”

话音刚落，人群中响起了一阵笑声，同时也化解了尴尬的场面，热烈的掌声持续了一分钟之久。

我们都有一个惯性，认为得不到的就一定是好的。可是，尝试过之后就会知道，很多我们一直向往的东西，并不是最适合我们的。所以得不到的并不一定是好的。面对错过的东西，心中多一点豁达，多一点释然，往往能获得更多的快乐。

已经得不到了，即使浪费再多抱怨的口水，也无法更改事实。与其沉浸在痛苦和悔恨中，不如以舍得的心态去对待。对于豁达者而言，第二名、第三名同样幸福。其实有时候发生在我们身边的事情，并不是一定要分出个高下，拼出个你死我活。生活，需要的是一种智慧：不仅要拿得起，还要能放得下。

也许战争中须斗出个输赢，但是生活中完全没有必要与人争高下。在与人竞争时，其实第二名也可以一样洒脱。

寻求自由与和谐的心灵

一个拥有阳光心态的人就如一个伟大的音乐家，善用生命中的各种“乐器”，奏出心中自由和谐的乐章。

一位伟大的音乐家说，没有什么东西比演奏一件失调的乐器，或是与那些五音不全的人一起演唱，更能迅速地破坏听觉的敏感度，更能迅速地降低一个人的乐感和音乐水准的了。在演奏人生这支大交响乐时，你使用的是哪种乐器？无论是提琴、钢琴，还是在文学、法律、医学等领域中表现出来的思想、才能，这些都无关紧要。但是，在没有使这些“乐器”定调的情况下，你不能在你的听众——世人面前开始演奏你的人生交响乐。

在人生中，心灵的自由与和谐相当重要，心理失调对一个人的生活质量来说是致命的。那些极具灾难的情感，比如担忧、焦虑、仇恨、嫉妒、愤怒、贪婪、自私等，都是生活的致命敌人。当一个人受到这些情感的困扰时，就不可能将自己的生活打理好。

目前，人类对于自然的征服力几乎达到了顶峰，然而我们的内心陷入了一种从来没有过的惶恐之中。因为现代人已经很难找到哪怕是片刻宁静。而且，伴随着人们对物质的欲望日益膨胀，人类社会也出现了一些看上去无法解决的问题。这就更加剧了人们惶恐和不安的情绪。

但是，对于生活，不同的人有着不同的要求和理解。同样的境遇，有些人觉得是幸福，而有些人却觉得是灾难。

一个农夫躺在麦草垛里呼呼大睡，一个过路的读书人见了，觉得那个农夫非常不幸——家里没有地方躺，只好将在这里凑合一下。

但是，那个农夫自己未必这样看，他可能会觉得，自己在这里呼呼大睡，说明自己无忧无虑，这不是神仙般的日子吗?

这个读书人，有好衣服穿，有好饭吃，还有书可读，按农夫对生活的标准，应该是非常幸福的了。可是，那个书生不一定这样看，因为他觉得这些还不够，要读书，要金榜题名那才是真正的幸福生活。

所以，对于生活以及幸福，人们从来都有着不同的衡量标准。

人们对于生活的要求是无止境的，甚至人对物质的要求也是无止境的，但是这些东西最终带给我们的是患得患失的忧虑、压力和令人疲惫不堪的各种情绪。人们追求复杂的生活，其实是得不偿失的，因为外界的诱惑和对物质的追求，使我们失去了平静的内心世界。

与我们内心的需要相比，外界的一切都是微不足道的，甚至是完全可以忽略不计的。因为我们对于生活的感受，其实比生活本身更重要。

很多人都在紧张地忙碌着，却不知道自己是为什么而忙碌。或许，我们是在竞争的压力下失去了内心的安全感，于是，人们才急急忙忙地找事情做。

一些鸡毛蒜皮的小事能使一个心理素质不佳的人烦恼不已，但是根本无法影响一个心态乐观的人。哪怕是恐慌、危机、失败、火灾、失去财物或朋友，以及各种各样的灾难，都不可能使他的心理失去平衡，因为他找到了自己生命的支点——心灵自由与和谐的支点，因此他不再摇摆于希望和绝望之间。

换一种心态面对生活，改变自己，学会享受生活，多多经营自由与和谐的心灵，你就能够感受生命何其伟大。

量力而行，坚守自己的底线

“量力而行”是一种智慧，表明对自己与周围环境了如指掌，是为了用最少的力量取得最大的成绩。

懂得知足的人往往会量力而行，即使前面有再多诱惑，仍然能够不为所动。这样的人往往会在深思熟虑之后才去安排行程。尤其是面对一条从没走过的道路，他会花费更多的心思去衡量：何处崎岖、何处坎坷、何处严寒、何处酷热，他都要弄得一清二楚。不管别人给他施加多少压力，或者前方有多少诱惑，他都不急不躁，沿着既定的路线缓缓而行。

在生活里，有人看到了巨大的利益，所以不停地调整自己的路线，甚至急躁地想要直奔利益而去，可是急于求成的人往往会事倍功半。还有一些人，他们整天都在为了未来的事情操心，几十年以后才可能面对的难处，他们现在就开始忧心忡忡了。但是命运只肯按照现实的样子，向我们展示生活，根本不会因为我们急躁，就提前向我们展开未来的画卷。所以，我们只能按照自己既定的生活之路，一步一步地为未来打开局面。

蒋方毕业后来到广州时，曾为找工作奔波了好长一段时间，起初他见几个做销售工作的同学业绩不俗，赚了不少钱，学中文专业的他便找了家公司做业务员，然而辛辛苦苦跑了几个月，不但没赚到钱，人倒瘦了十几斤。同学们分析说："你能力不比我们差，但你的性格内向，不爱与人交谈、沟通，不善交际，因此不太适合做销售……"

后来蒋方见一位在工厂做生产管理的朋友薪水高、待遇好，便动了心，费尽心力谋到了一份生产主管的职位。可是没做多久，他就因管理不善而辞职了。之后，蒋方又做过公司的会计、餐厅经理等，最终出于各种原因都被迫离职。

最后，蒋方痛定思痛，吸取了前几次的教训，不再盲目追逐高薪或舒适的职位，而是依据自己的爱好和特长，凭借自己的中文系本科学历和深厚的文字功底，应聘到一家杂志社做了文字编辑。这份工作相比以前的职位，虽然薪水不高，工作量也大，但蒋方做得非常开心，工作起来得心应手。几个月下来，他就以自己突出的能力和表现令领导刮目相看，器重有加。

回顾以往的工作历程，蒋方深有感触地说："无论是工作，还是生活，我们都应当根据自己的能力找到适合自己的位置。一味地追逐高薪、舒适的工作，曾让我吃尽了苦头，走了不少弯路。事实上，我们无论做什么事都应结合自身条件，依据自己的爱好和特长去选择相应的事来做。放弃那些不适合自己的生活，我们的生活才会快乐。"

很多人都是受到了生活的诱惑，总觉得自己有足够的能力获取更多。然而事实是我们还不具备那么多的力量，一味贪图诱惑，朝着更大的目标行进，只会加大我们的压力。

还有些人不知量力而行，认识不到自己的弱点，而总是在做一些超出自身能力范围的事情。我们都不是天才，更不是能力挽狂澜的伟大人

物，我们中的绝大多数人可能只是普通的人，许多事超出我们的能力范围，凡事尽力而为的同时也要量力而行。在我们树立自己远大目标的同时，也要坚守自己的底线。既不要好高骛远，同样应当避免鼠目寸光。

也许我们平时会把目标定得很高，不过真正落实起来还是要量力而行，不能为了所谓的面子或其他原因勉强自己，否则多半会令自己后悔不已。在明知自己可能做不到的情况下还固执地前行，就不是执著而是愚蠢。就像天才与傻瓜只有一线之隔一样，“执著”与“愚蠢”往往也只有一线之差。

第三章

抛开压力。生活更加轻松自在

卸下包袱，在“当下”解脱

人生的目的不是面面俱到，不是多多益善，而是把已经掌握的东西运用得得心应手。就像宝剑一样，剑刃越薄越好，重量越轻越好。

生命可以不必沉重，只有在“当下”解脱才能让自己轻松起来，解脱之后才可快乐，只有放下身上的负担才能找心灵的家园。

可是，生活中的人们常常给自己增添很多无形的包袱：昨天发生的事情，要及时总结经验，并且从中吸取教训；明天还没有到来，会发生什么，都是无法预料的，我们须准备……总是害怕不够，总是在准备，我们就是用这样的锁链锁住了幸福，给自己的生命增添了太多的负担。

有一个流浪汉在看不见尽头的路上长途跋涉，他背着一大袋沉重的沙子，一根装满水的粗管子缠在他身上。他右手托着一块奇形怪状的石头，左手拿着一块岩石，脖子上用一根旧绳子吊着一块大磨盘，脚腕上系着一条生锈的铁链，铁链上拴着大铁球，头上顶着一个已经腐烂发臭的大南瓜。

这个流浪汉吃力地走着。他呻吟着，抱怨自己的命运如此艰难，抱怨疲倦不停地折磨他。

正当他在炎炎烈日下艰难行走时，迎面来了一位老人。老人问：

“喂，疲倦的流浪汉，为什么你不将手里的石头扔掉呢？”

“我真蠢。”流浪汉明白了，“我以前怎么没想到呢？”他扔掉了石头，觉得轻了许多。

不久，他在路上又遇到一位老妇人。老妇人问他：“告诉我，疲倦的流浪汉，你为什么不把头上的烂南瓜扔了呢？你为什么要拖着那么重的铁链子呢？”

流浪汉答道：“我很高兴你能给我指出来，我没意识到自己在做傻事。”他解开脚上的铁链子，把头上的烂南瓜扔到路边摔得稀烂，顿时又觉得轻松了许多。但随着他继续往前走，他又感到了步履轻快。

后来，他又遇到了一位小伙子。小伙子十分惊异：“啊，流浪汉，你扛了一口袋沙子，可一路上有的是沙子；你带了一根大水管，好像要去穿越大沙漠。可你瞧，路旁就有一条清亮的小溪，它已伴随着你走了很长一段了。”听到这些话，流浪汉又解下了大水管，倒掉了里面已经变了味的水，然后把口袋里的沙子也倒了出来。

他站在路上，看着落日沉思。落日的余晖映照在他身上。突然他看到脖子上挂着的磨盘，意识到正是这东西使他不能直起腰来走路，于是他解下磨盘，把它扔进河里。他卸掉了所有负担，徘徊在傍晚凉爽的微风中，突然发觉自己找到了心灵的归宿。

生命之舟载不动太多的物欲和虚荣心理，要想使之在抵达彼岸前，不在中途搁浅或沉没，就必须轻载，只取需要的东西，把那些应该放下的“包袱”果断地放下。人不可能什么东西都能得到，总有须放弃的东西。

人生的目的不是面面俱到，不是多多益善，而是把已经掌握的东西运用得得心应手。就像宝剑一样，剑刃越薄越好，重量越轻越好。如果

带着过多包袱上路，注定要举步维艰。只有卸下身上的包袱才可能走得更快。我们总是让生命承载太多的负荷，最终被压弯腰的是我们自己。放下太多的虚荣心，放下太多的功利，放下金钱的压力，放下心理负担的包袱，为我们自己的肩膀减负，轻松简单地面对自己的生活。

如果人们想从这些重负中解脱，那么就学会放下心中的“执著”。如何放下？就是要学会遗忘。

在“当下”，真正的“解脱”就是要“遗忘”，忘得一干二净。假如有人问你还恨不恨你的仇人，你说我不恨他了，别人可能会将信将疑，但如果你说：“我哪有什么仇人，连自己都不记得有这个人”，那说明你真的解脱了，自然也就没有烦恼了。

世间的烦恼都是自已加给自己的，只有放得下才能解脱，才能活得快乐、幸福。如果人们想在当下解脱，那么就必须放下心中的名和利，放下心中的欲望，放下对生命的“牵挂”，放下对未来的“执著”。把一切都放下，让以后的每一分每一秒都活得充实，生命便有了最现实的意义。

跨越给自己设定的樊篱

人生下来不是为了披枷带锁，而是为了大踏步前进。

有时候，限制我们心灵的，不是别人拴在我们身上的锁链，而是我们自己为自己设置的那个局。高度并非无法超越，只是我们无法超越自己思想的樊篱，更没有人束缚我们，只是我们自己束缚了自己。

1968年，在墨西哥奥运会的百米赛场上，美国选手海恩斯撞线后，激动地看着运动场上的计时牌。当计时器显示出9.9秒的成绩时，他摊开双手，自言自语地说了一句话。

后来，有一位叫戴维的记者在回放当年的赛场实况时，再次看到海恩斯撞线的镜头，这是人类历史上第一次在百米赛道上突破10秒大关。海恩斯打破纪录的那一瞬间，一定说了一句不同凡响的话，但这一新闻竟被现场的400多名记者疏忽了。因此，戴维决定采访海恩斯，问问他当时到底说了一句什么话。

戴维很快找到海恩斯，问起当年的情景，海恩斯竟然毫无印象，甚至否认当时说过什么话。

戴维说："你确实说了，有录像带为证。"

海恩斯看完戴维带去的录像带，笑了。他说："难道你没听见吗？

我说：‘上帝啊，那扇门原来是虚掩的。’”

谜底揭开后，戴维对海恩斯进行了深入采访。

自从欧文斯创造了10.3秒的百米赛跑成绩后，曾有一位医学家断言，人类的肌肉纤维所能承载的运动极限不会超过每秒10米。

海恩斯说：“30年来，这一说法在田径场上非常流行，我也以为这是真理。但是，我想，自己至少应该跑出10.1秒的成绩。每天，我以最快的速度跑5公里。我知道，百米冠军不是在百米赛道上练出来的。当我在墨西哥奥运会上看到自己9.9秒的纪录后，惊呆了。原来，10秒这扇门不是紧锁的，而是虚掩的，就像终点处那根横着的绳子一样。”

后来，戴维撰写了一篇报道，填补了墨西哥奥运会留下的一个空白。不过，人们认为它的意义不仅限于此。海恩斯的那句话，为我们留下的启迪更为重要。

命运的门总是虚掩的，给我们留下一道可以开启的缝隙，可是我们却宁愿相信那是一堵不可穿越的墙。于是，我们独特的创意被自己抹杀，认为自己无法成功致富；告诉自己，难以成为配偶心目中理想的另一半，无法成为孩子心目中理想的父母、父母心目中理想的孩子。然后，开始向环境低头，甚至开始认命、怨天尤人。

这一切都是我们心中那条束缚住自我的铁链在作祟。或许，我们必须耐心静候生命中来一场大火，逼得我们非得选择挣断链条，或甘心被大火席卷。或许，我们幸运地选对了前者，在挣脱困境之后，语重心长地告诫后人：人必须经苦难磨炼方能得以成长。

面对人生，我们还有一种不同的选择。我们可以当机立断，运用内在的能力，立即挣开消极习惯的绳索，改变自己所处的环境，投入另一个崭新的积极领域中，使自己的潜能得以发挥。

人生下来不是为了披枷带锁，而是为了大踏步前行。我们应该跨越自己给自己设定的樊篱，一身轻松地走在人生的道路上。

放下不该拥有的，拾起的是“轻松”

我们的心就像是一座寺庙，不需要各种精巧的装饰来美化自己的心灵，我们需要的只是让内在原有的“美”无瑕地显现出来。

生命中有很多与人的本性无关的东西，这些东西对于人来说是无用的包袱。很多时候，我们常常会被这样的人和事所干扰，最终失去了真实的自我，在歧路上越走越远，找不到回头的道路。

人的一生就像一趟旅行，沿途有数不尽的坎坷泥泞，但也有看不完的春花秋月。如果我们的心灵总是被灰暗的风尘所覆盖，干涸了心泉、黯淡了目光、失去了生机、丧失了斗志，人生轨迹岂能美好？

我们的生命中有太多无用的东西，如果不是我们本就应该拥有的，那么就要学会放弃，才会是自己活得更加充实、坦然和轻松。

一个皇帝想要整修京城里的一座寺庙。他派人去找技艺高超的设计师，希望能够将寺庙整修得美丽而又庄严。

后来皇帝找来了两组设计人员，其中一组是京城里很有名的工匠与画师，另外一组是几个和尚。

由于皇帝不知道到底哪一组人员的手艺比较好，于是就决定给他们机会，以选出更佳者。

皇帝要求这两组人员各自去整修一个小寺庙。三天之后，皇帝要来验收成果。

工匠们向皇帝要了一百多种颜料（漆），又要了很多工具。让皇帝很奇怪的是，和尚们居然只要了抹布与水桶等简单的清洁用具。

三天之后，皇帝来验收。他首先看了工匠们所装饰的寺庙，工匠们敲锣打鼓地庆祝工程完成，他们用了非常多的颜料，以非常精巧的手艺把寺庙装饰得五颜六色。

皇帝满意地点点头，接着回过头来看看和尚们负责整修的寺庙。他看了一下就愣住了，和尚们所整修的寺庙没有涂上任何颜料，他们只是把所有的墙壁、桌椅、窗户等都擦拭得非常干净，寺庙中所有的物品都显出了它们本来的颜色。它们光亮的表面就像镜子一般，无瑕地反射出色彩，那天边多变的云彩、随风摇曳的树影，甚至是对面五颜六色的寺庙，似乎都变成了这个寺庙美丽色彩的一部分，而这座寺庙只是宁静地接受这一切。

皇帝被这庄严的寺庙深深地感动了，当然我们也知道最后的结果。

我们的心就像是一座寺庙，不需要各种精巧的装饰来美化自己的心灵，我们需要的只是让内在原有的“美”无瑕地显现出来。

我们在装修房子的时候，总是会小心谨慎地制订详细的方案，研究每一个细节，墙壁的颜色、地板的质地、吊灯的造型，都是不可忽视的部分。我们为自己的家园精心选择了最好的建材。但是在建设精神家园的时候，我们太粗心了。虽然精神家园比物质家园重要得多，但是很多人却由于各种原因不肯多费心思。那些类似恐惧、烦恼、焦虑、不安等消极念头一旦成为精神家园的建材，便可能发霉、腐烂，我们的心灵世界就岌岌可危了。

我们要放下这些侵蚀我们的精神家园的消极念头，还心灵以整洁宁静，便会赢得一身轻松。

驱除烦忧，净化心灵

人的心灵就如同一片荒地，只有种上了庄稼才会有金灿灿的收成。

一个人在尘世间走得太久了，心灵无可避免地会沾染上尘埃，使原来洁净的心灵受污染。的确，对一个未知的世界，你会不确定哪些是你想要的。但是，不要害怕自己选择了错误的东西，一旦发现错误，一定要及时修正，清除心灵中的杂质。

心理学家曾指出：人是最会制造垃圾的动物之一。清洁工每天早上都要清理人们制造的成堆的垃圾，这些有形的垃圾容易清理，而人们内心中诸如烦恼、欲望、忧愁、痛苦等无形的垃圾就不那么容易清理了。

为了保持心灵家园洁净，我们必须选择勇敢、乐观、积极的思维方式。清扫心灵不像日常生活中扫地那样简单，它充满着心灵挣扎与痛苦的过程。不过，你可以告诉自己：并没有人规定我们一次必须扫完，不妨每天扫去一点点。

如果我们能把这些无用的，却时时烦扰我们的东西从生命中清除出去，那我们就有足够的时间用心观察每个瞬息万变的事物。

有这样一位哲学家带着他的一群学生去漫游世界。十年间，他们几乎游历了所有的国家，拜访了不计其数有学问的人。现在他们回来了，

个个满腹经纶。进城之前，哲学家在郊外的一片草地上坐下来，对他的学生们说：“十年游历，你们都已成为饱学之士。现在学业就要结束了，我们上最后一课吧！”

学生们围着哲学家坐了下来。哲学家问：“现在我们坐在什么地方？”学生们答：“现在我们坐在旷野里。”哲学家又问：“旷野里长着什么？”学生们说：“旷野里长满杂草。”

哲学家说：“对。旷野里长满杂草，现在我想知道的是如何除掉这些杂草。”学生们非常惊愕，他们都没有想到，一直在探讨人生奥妙的哲学家，最后一课问的竟是这么简单的一个问题。

一个学生首先开口说：“老师，只要有铲子就够了。”哲学家点点头。

另一个学生接着说：“用火烧也是很好的一种办法。”哲学家微笑了一下，示意让下一位继续回答。

第三个学生说：“撒上石灰就会除掉所有的杂草。”

接着第四个学生说：“斩草除根，只要把根挖出来就行了。”

等学生们都讲完了，哲学家站了起来，说：“课就上到这里了，你们回去后，按照各自的方法除去一片杂草，一年后再来相聚。”

一年后，学生们都来了，不过原来相聚的地方已不再是杂草丛生，它变成了一片长满谷子的庄稼地。

如果我们想让自己的心灵世界再无纷扰，最好的方法就是用优秀的品格占据心灵。

每当忙碌一天后静下心来，打开灯对着镜子的时候，人们常常会突然觉得空虚、寂寞，不知道自己每天的忙碌是为了什么，自己究竟得到了什么，又真正的失去了什么。我们问自己：为了更幸福，自己真的幸福了吗？什么样的我才会快乐？我爱过别人吗？我得到过爱吗？我需要爱吗？

这样简单的问题我们似乎都无法回答自己。我们的整颗心是“空”的，或许就像哲学家说的那样——已经荒草丛生了。而一觉醒来，我们又将它忘得一干二净，又继续着我们不知道为了什么的忙碌生活，从来没有给自己解答这些疑问。于是这些问题就像荒草一样，越长越高，直到长满了整颗心灵。

每当直面自己心灵的时候，依旧一样地寂寞与空虚。自己的心灵已经被外界的花花绿绿所占据，什么也没留下。

荒芜的心灵可以让一个人变得不堪一击，因为没有真正可以支撑心灵的东西，比如爱，比如真理。人的心灵就如同一片荒地，只有种上了庄稼才会有金灿灿的收成。

当我们为自己的心灵播撒下了那些善良、睿智、爱的种子，这些种子在我们的心里生根发芽，总有一天自己也会收获同样的果实，从而避免心灵荒芜。

脱离外在的参照系

一个人活在别人的标准和眼光之中是一种“痛苦”，更是一种“悲哀”。

人生来时双手空空，却双拳紧握；等到人死去时，却是双手摊开，偏不让其带走财富和名声……看透了这个道理，人就会把许多东西看淡。幸福的生活完全取决于自己简约的内心，而不在于你拥有多少外在的财富。

18世纪法国有个哲学家戴维斯。有一天，朋友送他一件质地精良、做工考究、图案高雅的酒红色睡袍，戴维斯非常喜欢。可他穿着华贵的睡袍在家里踱来踱去，越踱越觉得家具不是破旧不堪，就是风格不对，地毯的针脚也粗得吓人。旧物件挨个儿更新，书房终于跟上了睡袍的档次。戴维斯穿着睡袍坐在贵气十足的书房里，可他却觉得很不舒服，因为自己居然被一件睡袍“胁迫”了。

戴维斯被一件睡袍“胁迫”了，生活中的大多数人则是被过多的物质因素胁迫着。在很多情况下，我们受内心深处支配欲和征服欲驱使，自尊心和虚荣心不断膨胀，着了魔一般去同别人攀比。谁买了一双名牌皮鞋，谁添置了一套高档音响，谁交了一位漂亮女友，这些都会触动我们敏感的神经。一番折腾下来，尽管钱赚了不少，也终于博得“别人”羡慕的眼光，但除了在公众场合拥有一两点流光溢彩的表象以外，我们其实并没有别人想象得那么好。

从一定意义上来说，人都是爱好虚荣的，不管自己究竟幸福不幸福，只要让别人觉得很幸福就很满足。人往往忽视了自己内心真正想要的是什么，而是常常被外在的事情所左右，将自己的幸福建立在与别人比较的基础之上，自己的内心会十分痛苦。幸福不是别人说出来的，而是自己感受到的，人活着不是为别人，不是活在外在，而是从内在活出自己。

当我们把追求外在的成功或者“过得比别人好”作为人生的终极目标的时候，就会陷入物质欲望为我们设下的圈套，难以自拔。一个人活在别人的标准和眼光之中是一种“痛苦”，更是一种“悲哀”。人生本就短暂，真正属于自己的快乐更是不多。

脱离建立在别人基础上的参照系，为了自己而完完全全、真真实实地活一次。

敞开胸怀，追求快乐

开放的心自由自在，可以飞得又高又远；封闭的心像一池死水，永远没有机会进步。

有一条鱼在很小的时候被捕上了岸，渔人看它太小，而且很美丽，便把它当成礼物送给了女儿。

小女孩把它放在一个鱼缸里养了起来。每天，这条鱼游来游去，总会碰到鱼缸的内壁，心里便有一种不愉快的感觉。

后来鱼越长越大，在鱼缸里转身都困难了，女孩便为它换了更大的鱼缸，它又可以游来游去了。可是每次碰到鱼缸的内壁，它的心情便又会郁闷起来。它有些讨厌这种原地转圈的生活了，索性静静地悬浮在水中，不游也不动，甚至连食物也不怎么吃了。

女孩看它很可怜，便把它放回了大海。

它在海中不停地游着，心中却一直快乐不起来。

一天，它遇见了另一条鱼。那条鱼问它："你看起来好像闷闷不乐啊！"

它叹了口气说："啊，这个鱼缸太大了，我怎么也游不到它的边！"

我们是不是就像那条鱼呢？在鱼缸中待久了，心也变得像鱼缸一样小了，不愿有所突破。有一天到了一个更为广阔的空间，已变得狭小的心反倒无所适从了。

其实，心有多大，世界就有多大。如果不能突破心中的四壁，你的翅膀就舒展不开，即使给你一片大海，你也找不到自由的感觉。

开放，是一种心态、一种个性、一种气度、一种修养；能正确地对待自己、他人、社会和周围的一切；对自己的专业和周围的世界都怀有强烈的兴趣，喜欢钻研和探索；热爱创新，不墨守成规，不故步自封、不固执僵化；乐于和别人分享快乐，并能抚慰别人的痛苦与哀伤；谦虚，勇于承认自己不足，并能乐观地接受他人的意见，而且非常喜欢和别人交流；乐于承担责任和接受挑战；是具有极强的适应能力，乐意接受新的思想和新的经验，能够迅速适应新的环境；坚强，敢于面对任何的失败和挫折，不畏惧失败。

拥有开阔的胸怀，是学习的前提，是沟通的基础，是提升自我的起点。在一个组织里，最容易取得成功的人就是拥有开阔胸怀的人，他们进步最快，人缘最好。

具有开阔胸怀的人，会主动听取别人的意见，改进自己的工作。比尔·盖茨经常对微软公司的员工说："客户的批评比赚钱更重要。从客户的批评中，我们可以更好地汲取失败的教训，将它转化为成功的动力。"比尔·盖茨本人就是一个心态非常开放的人，他鼓励公司里每个人畅所欲言，当别人和他有不同意见时，他会很虚心地去听。每次公开讲演之后，他都会问同事哪里讲得好，哪里讲得不好，下次应该怎样改进。这就是曾经的世界首富的优良作风。

开放的心自由自在，可以飞得又高又远；封闭的心像一池死水，永远没有机会进步。如果你的心态过于封闭，不能接纳别人的建议，就等

于锁上一扇门，禁锢了自己的心灵。要知道褊狭就像一把利刃，会切断许多机会和沟通的渠道。

花草因为有土壤和养分，才会茁壮地成长、美丽地绽放。人的心灵也必须不断接受新思想洗礼和浇灌，否则智慧就会因为缺乏营养而枯萎死亡。

拥有开放的心境，你才能充分利用成功的第一原则：一个人只要对自己的信念坚定不移，就没有做不到的事情。敞开你的心扉，让想象力自由翱翔，让你成功的希望越飞越高！

不是“赖着”不死，而是好好活着

拥有幸福的人生很简单——好好活着。

拥有一个幸福的人生其实也很简单：“第一是不要拿自己的错误惩罚自己，第二是不要拿自己的错误惩罚别人，第三是不要拿别人的错误惩罚自己。”遵守这“人生幸福三诀”，就不会活得太累。

世事没有一帆风顺的，“赖着”不死，还是好好活着，表面看来没什么区别，其实质大相径庭。

有人说，人的一生之中只有三件事，一件是“自己的事”，一件是“别人的事”，一件是“老天爷的事”。今天做什么、吃什么，开不开心，皆由自己决定；是刮狂风，还是下暴雨，都不是人力所能决定的事，只能是“谋事在人，成事在天”，过于烦恼，也是于事无补。要轻松自在很简单：打理好“自己的事”，不去管“别人的事”，不操心“老天爷的事”。

天气酷热，寺院里的花被晒枯了。“天哪，快浇点水吧！”小和尚喊着，接着去提了桶水来。“别急！”老和尚说，“现在太阳毒得很，等晚一点再浇。”

傍晚，那盆花已经晒成了“霉干菜”的样子。“不早浇……”小和

尚见状，咕咕哝哝地说，“一定已经干死了，怎么浇也活不了了。”

“浇吧！”老和尚指示。水浇下去，没多久，已经垂下去的花，居然全站了起来，而且生机盎然。

“天哪！”小和尚喊，“它们可真厉害，太阳晒得那么厉害，这些花居然硬挺着不死。”

老和尚纠正：“不是硬挺着不死，是好好活着。”

“这有什么不同呢？”小和尚低着头，十分不解。

“当然不同。”老和尚拍拍小和尚，“我问你，我今年80多岁了，我是硬挺着不死，还是好好活着？”

小和尚低下头沉思起来。

过了一会儿，老和尚又问小和尚：“怎么样？想通了吗？”

“没有。”小和尚还低着头。老和尚严肃地说：“一天到晚怕死的人，是硬挺着不死；每天都向前看的人，是好好活着。有一天寿命，就要好好过一天。

对于寺院里的花来说，和尚没给它浇水，虽然让它很不如意，但那是和尚的事，“好好生长”才是它自己的事。这盆向前看的花，有一天寿命，便好好过一天，这才是对生命意义的诠释。

“哀莫大于心死”，“赖着”活其实就是已经心死。

生活在我们周围的人，包括我们自己，在遇到不如意的事情时，都会为自己的过错而痛悔。的确，“不要拿自己的错误惩罚别人”，并不是一种很容易达到的境界，它需要“胸藏万汇凭吞吐”的大器量，而很多人做不到这一点。

如果一有过错，就终日沉浸在无尽地自责、哀怨、痛悔之中，那么人生的境况就会像印度诗人泰戈尔所说的那样：“不仅失去了正午的太阳，而且将失去夜晚的群星。”

生活就像是一件艺术品，每个人都有自己认为最美的一笔，每个人也都有自己认为不尽如人意的一笔，关键在于我们怎样看待。有烦恼的人生才是最真实的。同样，能平和地看待眼前的各种纷扰现象，这样的人生才是最舒心的。

活着就是幸福

不要去在意那些繁杂的纠葛。活着就是幸福。

即使生活中有诸多不利环境，我们也没有能力去改变它，但是我们可以通过改变自己对环境的态度和反应方式，从中去寻找积极因素，变不利为有利，从而让生活充满意义。

有位青年厌倦了平淡的生活，感到一切只是无聊和痛苦。为寻求刺激，青年参加了“挑战极限”的活动。活动规则：一个人待在山洞里，无光无火亦无粮，每天只供应5千克的水，时间为整整5个昼夜。

第一天，青年颇觉刺激。

第二天，饥饿、孤独、恐惧一齐袭来，四周漆黑一片，听不到任何声响。于是他有点向往起平日里无忧无虑的生活了。

他想起了乡下的老母亲不远千里地赶来，只为送一坛大酱和小孙子的一双虎头鞋；他想起了终日相伴的妻子在寒夜里为自己掖好被子；他想起了宝贝儿子为自己端的第一杯水；他甚至想起了与他发生争执的同事曾经给自己买过一份工作餐……他后悔平日里对生活的态度了：懒懒散散，敷衍了事，冷漠虚伪，无所作为。

到了第三天，他几乎要饿昏过去。可是一想到人世间的种种美好生活，还是坚持了下来。第四天、第五天，他仍然在饥饿、孤独、极大的恐惧中反思过去，向往未来。

他责骂自己竟然忘记了母亲的生日；他遗憾妻子分娩之时未尽照料义务；他后悔听信流言与好友分道扬镳……他这才意识到需要自己努力弥补的事情竟是那么多。可是，连他自己也不知道，他能不能挺过最后一天。此时，泪流满面的他发现：洞门开了。阳光照射进来，白云就在眼前，淡淡的花香，悦耳的鸟鸣——他又迎来了美好的人间。

青年扶着石壁蹒跚着走出山洞，脸上浮现出了一丝难得的笑容。五天来，他一直用心在说一句话，那就是：生命是上天赠与给我们的美意，活着才是幸福。

活着的理由需要我们自己寻找。我们想让生存具有何种意义，全在于自己的选择。快乐、爱、激情和幸福感都应该存在于内心，再从内心世界散发出来，通过身边的人和事反馈给我们，让我们产生美好的感觉。正如故事中的年轻人再次看到五彩缤纷的世界，是因为他对生活充满了热爱，他想要活着。

我们应该有这种心理：活着就是幸福。什么利、权、势，轰轰烈烈了一世，最后还是一个人孤零零地走。心理学家们认为，生存本身并没有意义，意义是我们自身赋予生存的。

有时候我们以为生活就是一种心理折磨。可是，当我们放下苦难的包袱，敞开自己的心扉，积极地对待生活中的每一天时，我们才发现，原来生活并非全是苦难，当我们细心品味的时候，就能发现幸福。

幸福是简单的，没有附加条件。拥有的名和利，不会成为幸福与否的关键因素。相反，过于追求那些事物，会让我们失去幸福。

不要去在意那些繁杂的纠葛、苦痛、伤害、低迷，它们仅仅是生活中小小的注脚而已。活着，即意味着拥有追求幸福的资本和契机。活着就是幸福，让我们好好珍惜当下拥有鲜活的生命。

第四章

告别过去。迎接幸福的“当下”

把过去留在回忆里

昨天就像使用过的支票，已经没有价值；今天是现金，可以马上使用。

当生活变得苦闷的时候，当被压力推向万丈深渊和无限的烦恼时，人会渴望去逃避令人难以忍受的现实，这也是人之常情。

于是，我们开始回忆过去，想到在学校的无忧时光，想到过去在阳光和煦的沙滩上嬉戏的时候。或者，我们也许会回忆起一片我们曾经到过的乐土，那时生活似乎也没有现在这么复杂。

诸如此类在解除我们的精神紧张方面，也许很有益处。但是，持续不断地靠怀念过去来逃避现实（逃入往事的回忆之中），却是一种无益的习惯，其结果往往是使人逃避思考。

一个夏天的下午，在纽约的一家餐厅里，奥里森·科尔在等待着，他感到沮丧。由于在工作中有几个地方出现失误，使他没有完成一项相当重要的项目。即使在等待见他一位最有好的朋友时，也没法像平时一样感到快乐。

他的朋友终于从街那边走过来了，他是一名了不起的精神病医生。医生的诊所就在附近，科尔知道那天他刚刚和最后一名病人谈完了话。

“怎么样，年轻人，”医生不加寒暄就说，“什么事让你不痛快？”对医生这种洞察心事的本领，科尔早就不意外了，因此他就直截了当地告诉医生使自己烦恼的事情。医生说：“来吧，到我的诊所去。我要看看你的反应。”

医生从一个硬纸盒里拿出一盒录音带，塞进录音机里。“在这录音带上，”他说，“一共有三个人所说的话。当然没有必要说出来他们的名字。我要你注意听他们的话，看看你能不能挑出支配了这三个案例的共同因素，只有四个字。”

在科尔听起来，录音带上这三个声音共有的特点是不快活。第一个是男人的声音，显示他遭到了某种生意上的损失或失败。第二个是女人的声音，说她因为要照顾寡母，以至于一直没能结婚，她心酸地述说她错过了很多结婚的机会。第三个是一位母亲，因为她十几岁的儿子和警察发生了冲突，她一直在责备自己。

在三个声音中，科尔听到他们一共六次用到两个词汇，“如果”“只要”。

“你一定大感惊奇。”医生说，“你知道我坐在这张椅子里，听到成千上万用这几个词开头的内疚的话。他们不停地说，直到我要他们停下来。有的时候我会要他们听刚才你听的录音带，我对他们说：‘如果你不再说那两个词要，我们或许就能把问题解决掉！因为这两个词不能改变既成的事实，却使我们朝着错误的方面，向后退而不是向前进，于是浪费了时间。最后，如果你用这两个词成了习惯，那它们就很可能变成阻碍你成功的真正的障碍，成为你不再去努力的借口。’”

“现在就拿你自己的例子来说吧。你的项目失败了，为什么？因为你犯了一些错误。那有什么关系！每个人都会犯错误，错误能让我们学到教训。但是在你告诉我你犯了错误，而为这个遗憾、为那个懊悔的时

候，你并没有从这些错误中学到什么。”

“你怎么知道？”科尔带着一点辩护的口气质疑。

“因为，”医生说，“你没有脱离过去式，你没有一句话提到未来。从某些方面来说，你十分诚实，你内心里还以此为乐。我们每个人都有一点不太好的毛病，喜欢一再讨论过去的错误。因为不论怎么说，在叙述过去的灾难或挫折的时候，你还是主要角色，你还是整件事情的主导者……”

在医生的开导下，科尔终于意识到，自己沉浸在过去犯错的阴影中，还没有真正走出自我。他应该用积极上进的态度去改变现在的处境。

以前的事情或许是美好的，或许是悲哀的，但无论如何你都不能把它们放在心灵的主要位置上，因为你不可能走进历史。经常哀叹不如意的过去，只会使人迟钝而不能使人振奋。总是沉湎于过去的人，会使自己脱离对他极为重要的生活。

有人说：昨天就像使用过的支票，已经没有价值；今天是现金，可以马上使用。一味留恋过去，就会错过很多美好的事物，而这无疑是对生命的一种浪费行为。所以，在面对生活的磨难时，千万不要怕，不要回避真实与琐碎的今天，要懂得关上过去那扇门，将过去留在记忆里，积极热情地重新开始自己新的生活。

两难时，选择积极的一面

生活永远是由两个选项构成的，既然事情已经发生了，悲伤、痛苦又有什么用呢。我们不如选择积极、开心的那个。

在日复一日的生活中，有很多人常常为自己犯过的错误及可能将犯的错误而不安。那些反复琢磨的事，往往也是我们比较在意的事，比如，考试成绩好坏、领导对自己的评价、房屋钱财生命的安全、父母的心情，等等。常常是自觉事情做得不够完美，可能会伤害到别人或影响到别人对自己的看法，又或是忧虑自己过去的行为不慎，可能导致某些不快的事。总之，可以说是在恐惧自己的失败。

其实没有人想沉溺于毫无意义的思索和自责之中，但仿佛患上了一种强迫症，不断地夸大自己的人格、处事能力、智力方面的缺陷和失败。

也许我们可以在剖析这种心态后，有效地治疗自己。平常做事须谨慎认真，考虑问题尽量周到。但事情做完以后，就不要让思绪过多地滞留了。

面对失败有勇气，才能成为做大事的人。不为过去的错误而哭泣，不为明天可能的厄运而沮丧。只有温柔地安抚自己的心灵，不令它常常陷入人为的惊恐泥淖，才能得到健康明朗的精神状态，才能把爽朗的笑

声带给周围的人，进而为未来减少失败，增大成功的系数。

有一个美国的年轻人杰克，不仅自己生性乐观，并且善于鼓励别人。他坚信："任何时候人都有两种选项，那么就应该去选择积极的那一种。"

一次，杰克遭人抢劫，腹部被三颗子弹击中，他住进了医院，很多人都为他担心，可是不久他便痊愈了。同事们关切地问他："中弹的时候，你想些什么呢？"杰克拍了拍同事的肩膀，哈哈一笑："在那一瞬间，我想到我有两个选项，一个是选择生，一个是选择死，而我选择了生。所以我认定我去的那家医院，是全国最好的，那里的医疗技术更是一流的。"杰克喝了点水继续说，"可是，医生在手术时，好像是把我看成一个垂死的人。我向医生们做了个鬼脸，使劲地喊了起来：'啊，我过敏呀！'当他们问我对什么过敏时，我说：'我对子弹过敏！还对冷漠态度过敏！'医生们都大笑起来，我的手术顺利地做完了。"

一天，一个朋友问杰克："我不明白，你怎么可能一直都保持积极乐观的心态呢？你是怎样做的呢？"杰克笑着回答说："每天早晨醒来，我就对自己说：杰克，今天你有两个选项——你可以选择一个好心情，也可以选择一个坏心情。我选择了好心情；每当有坏事发生的时候，我可以选择受害者的角色，也可以选择主宰者的角色，而我选择了后者；每当有人向我抱怨时，我可以消极地听人抱怨，也可以给他们指出解除烦恼的方法，而我总是选择主动帮助别人，向他们提出好的建议。生活永远是由两个选项构成的，既然事情已经发生了，悲伤、痛苦又有什么用呢。我们不如选择积极、开心的那个。"

或许我们可以学学杰克乐观的生活态度，不为过去的事情悲伤痛苦，而是积极乐观地对待现在和未来，我们就会一直拥有好心情，任何困难也难不倒我们。

我们可以设法改变以前发生事情所产生的后果，但不可能改变之前发生的事情；我们无法让时间倒流回到过去，无法让已经成为事实的错误消失，但是可以让错误成为未来成功的基石，积极勇敢地向前看、向前走。唯一能够使过去产生价值的办法是，以平静的态度分析当时的处境，把教训铭刻在心，然后把痛苦、烦恼忘掉。

失去了阳光，还会拥有大地的亲吻；失去了雨水，还会拥有白雪的抚慰；失去了金钱，还会拥有爱情的滋润；失去了爱情，还会拥有亲情的关爱；失去了所有，你还有自己的信心。

不为过去的错误而哭泣，在当下解脱，肯定自己、相信自己，勇敢地面对新的生活，我们才能收获得更多。

舍弃旧我，接纳新我

应当像换掉旧衣服一样，将脑中那些过去悲伤、失望的事情一件件地倒出脑海，将那些美好、充满希望的事情换进去，才能够令自己真正地快乐起来。

生命本身就是一个不断变换更替的过程。人在呼吸的一瞬间，既是他自己，又不是他自己。生命只在呼吸之间，要时时更新自我，不眷恋旧我，不追悔往昔。吐故纳新，让生命之树常青。

在我们身边有很多人，愿意活在自己的旧梦中不愿醒来，梦想着自己的初恋情人与自己以何种方式再见，梦想着自己拥有一切：出众的相貌，优越的家庭背景，体面的工作，体贴的爱人……想到这些往往会令人觉得心旷神怡，兴奋不已。但是生命就像是大梦一场，梦醒之后，即使头脑中还残留着梦中的些许痕迹，但是双手已经握不住一物。

有这样一个我们都很熟悉的小故事：

一个老人坐在高速行驶的火车上，不小心将刚买的新鞋从窗口掉下去一只，周围的人倍感惋惜。不料，老人立即把第二只鞋也从窗口扔了下去，这举动更让人大吃一惊。老人解释说：“这一只鞋无论多么昂贵，对我而言已经没有用了，如果有谁能捡到一双鞋子，说不定他还能穿呢！”

这个故事看似简单，其中的道理值得我们深思。很多时候，我们无法做到和老人一样豁达。放不下旧我，接纳不了新我，就很容易对生活失望。其实，在这个世界上没有足以让人绝望的处境，只有对生活处境绝望的人。不能因为经历过一次失败的恋爱，就永远不再恋爱。不能说第二次的恋爱就不真诚，而是人会在过去的失败中不断地总结经验，让自己下次表现得更出色。也只有那些关闭了过去的窗、打开未来的门的人才能呼吸到更新鲜的空气，看到更广阔的星空。

无论过去我们曾经失去过什么，或者做过什么，一切都完全可以重新开始。一味地沉浸在痛苦之中，看到的永远是曾经的伤心，失落和不幸。其实，在另一个窗口，他可以看到明媚的阳光、蔚蓝的天空、自由飞翔的小鸟，以及绿油油的麦田，一切生机勃勃，绿意盎然。

丢弃旧我，接纳新我，就如同一个人在往自己的衣柜里再放进去一些新的衣服，但是旧衣服挤满了柜子的空间。只有拿出那些旧的衣服，才能给新的衣服腾出空间。有人觉得拿出来扔掉太可惜了，但实际上这些旧衣服的利用率极低，只是占用了空间。心灵也一样，如果存了过多过去灰暗、悲伤的事情，那么，未来幸福、美好的感觉就永远无法填进大脑，人也不会快乐。应当像换掉旧衣服一样，将过去那些悲伤、失望的事情一件件地倒出脑海，将那些美好、充满希望的事情换进去，才能够使自己真正地快乐起来。

要勇于丢弃旧我，接纳新我。不论过去如何艰辛，不论过去多么悲惨，我们都有理由相信：一切都会过去，我们的未来是最美好的，我们能做最喜欢的事情，会遇到自己最爱的人，会过上最美好、最温馨的日子。

向苦难行个礼

没有人喜欢苦难，但是苦难来临，就不能沉浸在其中，而要向它致敬。面对它，接受它，然后放下它，为明天寻找新的希望。

我们一生中会遇到各种各样的困难和挫折。面对这些一时难以解决的问题，逃避和消沉不是办法，唯有以阳光的心态去面对。所谓阳光的心态，就是每天都积极向上，并能从生活中不断汲取前进的动力。

“不论担子有多重，每个人都能支持到夜晚来临，”英国著名作家罗伯特·史蒂文森写道，“不论工作有多苦，每个人都能做好自己一天的工作，每个人都能很甜美、很有耐心、很可爱、很单纯地活到太阳下山，而这就是生命的真谛。”

1937年，薛尔德夫人的丈夫去世了，她非常颓丧——因为她穷困潦倒。她写信给她以前的老板，请求他让自己回去做以前的老工作。她以前靠售书过活。两年前她丈夫生病的时候，她把新汽车卖了。后来她勉强凑足钱，分期付款才买了一部旧车，又开始出去卖书。她原想，再回去工作，或许可以帮她解脱她的颓丧心情。可是要一个人驾车，一个人吃饭，几乎令她无法忍受。

1938年的春天，在密苏里州的维沙里市，她看到那儿的学校都很穷，路况很糟糕，很难找到客户。她一个人又孤独又沮丧，有一次甚至想要自杀。她觉得成功是不可能的，活着也没有什么希望。每天早上她都很怕起床面对生活。她什么都怕，怕付不出分期付款的车钱，怕付不出房租，怕没有东西吃，怕生病了没有钱看医生。让她没有自杀的唯一理由是，她担心她的姐姐会因此而难过。

然而有一天，她读到一篇文章，使她从中振作起来，使她有勇气继续活下去。她永远感激那篇文章里那一句很令人振奋的话：“对一个聪明人来说，太阳每天都是新的。”她用打字机把这句话打下来，贴在自己车子前面的挡风玻璃上，这样，在她开车的时候，每时每刻都能看见这句话。她学会了忘记过去，每天早上都对自己说：“今天又是一个新的开始。”

薛尔德夫人成功地克服了对孤寂的恐惧心理。她现在很快活，也还算成功。她现在知道，不论在生活上碰到什么事情，都不要害怕；她现在知道，不必害怕未来；她现在知道，只要活一天——对一个聪明人来说，太阳每天都是新的。

日常生活中可能会碰到令人兴奋的事情，也同样会碰到令人消极、悲观的坏事。如果我们的思维不能总是围着那些不如意的事情转动，而是应尽量使脑海想的、眼中看的，以及口中说的都是光明的、乐观的、积极的，相信每天的太阳都是新的，明天又是新的一天。没有人喜欢苦难，但是苦难来临，就不能沉浸在其中，而要向它致敬。面对它，接受它，然后放下它，为明天寻找新的希望。

不为错过而遗憾，要为得到而喜悦

错过了，走了弯路之后，不必懊悔，不必遗憾。错过了花朵，还有可能收获雨滴。

生活中有一种痛苦叫“错过”。人生中一些极美、极珍贵的东西，常常与我们失之交臂，而我们总会因为错过美好的东西而感到遗憾和痛苦。其实喜欢一样东西不一定非要得到它，俗话说：“得不到的东西永远是最好的。”当你为一份美好感到心醉时，远远地欣赏它或许是最明智的选择，错过它或许还会给你带来意想不到的收获。

放下过去向前看，才能有更多的收获。我们一生当中会错过很多事物，如果对每一次“错过”都念念不忘，那么我们的人生恐怕只能在懊悔中度过。既然已经没有办法挽回，就没有必要再去惋惜、悔恨了。与其在痛苦中挣扎浪费时间，还不如重新找到一个目标，再一次奋发努力。

人生一世，花开一季，谁都想让此生了无遗憾，谁都想让自己所做的每一件事都恰到好处，但人不可能不错过，不可能不走弯路。错过了，走了弯路之后，不必懊悔，不必遗憾。因为错过了花朵，还有可能收获雨滴。

美国的哈佛大学要录取一名学生，这名学生留学的所有费用由美方全额提供。初试结束了，有30名学生成为候选人。

初试结束后的第10天是面试的日子。30名学生及其家长齐聚一堂等待面试。当主考官劳伦斯·金出现在饭店的大厅时，一下子被大家围了起来，他们用流利的英语向他问候，有的甚至还迫不及待地向他作自我介绍。这时，只有一名学生，由于起身晚了一步，没来得及围上去，等他想接近主考官时，主考官的周围已经是水泄不通了，根本没有插空而入的机会。

于是他错过了接近主考官的大好机会，他觉得自己也许已经错过了机会，于是有些懊丧起来。正在这时，他看见一个异国女人有些落寞地站在大厅一角，目光茫然地望着窗外，他想：身在异国的她是不是遇到了什么麻烦，不知自己能不能帮上忙？于是他走过去，彬彬有礼地和她打招呼，然后向她自我介绍，最后他问道：“夫人，您有什么需要我帮助的吗？”接下来两个人聊得非常投机。

后来这名学生被劳伦斯·金选中了。在30名候选人中，他的成绩并不是最好的，而且面试之前他错过了跟主考官套近乎、加深自己在主考官心目中印象的最佳机会，但是他“无心插柳柳成荫”。原来，那位异国女子正是劳伦斯·金的夫人。

这件事曾经引起很多人的震动：原来错过了“美丽”，收获的并不一定是“遗憾”，有时甚至可能是“圆满”。

许多心情可能只有经历过之后才会懂得；许多感情，痛过了之后才会懂得适时坚持与放弃。在得到与失去的过程中，我们慢慢认识自己，其实生活并不需要很多无谓的“执著”。淡定一些，生活会更容易。

因此，在你感觉到人生处于最困顿的时刻，也不要为错过而惋惜。

失去后反而会带给你意想不到的收获。花朵虽美，但毕竟有凋谢的一天，请不要再对花长叹了。因为可能在接下来的时间里，你将收获清新的雨露和浪漫的细雨。

泰戈尔在《飞鸟集》中也写道：“只管走过去，不要逗留着去采了花朵来保存，因为一路上，花朵会继续开放的。”的确，昨日的阳光再美或者风雨再大，也移不到今日的画册中。不要为错过而遗憾，而是为了曾经拥有的而高兴，为现在得到的而喜悦。

面对失败，从头再来

失败在很大程度上标志着一个新的起点，它是通向成功道路中的一道绚丽风景，是失败者东山再起的一块基石。

人生可以随时开始，人只要还能思考，内心还充满梦想，就一定可以重塑自己的人生。可为什么，有时我们明明知道自己已经错了，还是要继续错下去，或是已深陷痛苦之中，仍然不愿逃离出来呢？为什么要在“不敢”或“不舍”中将自己陷于困局？如果明知这条路不适合自己，再走下去的结果也只是枉然，何不立即选择重新开始呢？

日本作家中岛薰曾说：“认为自己做不到，只是一种错觉。我们开始做事前，往往考虑能否做到，接着就开始质疑自己，这是十分错误的想法。”人生随时都可以重新开始，没有年龄限制，更没有性别区分，只要我们有决心和信心，即使年逾古稀也能重新开始。

“你怎么了？亲爱的！”妻子笑容可掬地问道。

“完了！完了！我被法院宣告破产了，家里所有的财产明天就要被法院查封了。”他说完便伤心地低头饮泣。

妻子这时柔声问道：“你的身体也被查封了吗？”

“没有！”他不解地抬起头来。

“那么，我这个做妻子的也被查封了吗？”

“没有！”他拭去了眼角的泪，无助地望了妻子一眼。

“那孩子们呢？”

“他们还小，跟这些事根本无关！”

“既然如此，那么怎能说家里所有的财产都要被查封呢？你还有一个支持你的妻子、几个大有希望的孩子。而且你有丰富的经验，还拥有上天赐予的健康的身体和灵活的头脑。至于丢掉的财富，就当是过去白忙一场。以后还可以再赚回来的，不是吗？”

听了妻子的话，男人站起身来，重新振作了精神，重新全力以赴地投入工作中去。几年后，他的公司又恢复了往日的辉煌之景。

无论是面临自然灾难，还是人生难题，我们都应该有“一切不过从头再来”的勇气和决心。小时候我们学骑自行车，摔倒了，裤子划破了，膝盖也出血了，虽然感到疼痛，然而我们并没有因此而放弃，而是坚强地站起来，拍拍灰尘，扶起自行车继续练习。虽然明知道接下来可能还会摔得鼻青脸肿、鲜血直流，但为了尽快学会骑自行车，再苦再难也坚持了下去。摔倒了再起来，又摔倒了又再起来，直到自己学会为止。小时候我们都知道摔倒了爬起来，长大后的我们更应该懂得“失败了不妨重新再来”的内涵。

这一天，一位中年人像往常一样，拎着公文包去公司上班。在二十几年的职业生涯中，他勤勤恳恳、兢兢业业，才升到部门经理的位置上，其中充满了艰辛困苦。他只要再这样工作几年，就可以安安稳稳地拿到退休金了。可是，他万万没有想到，这将是他在公司工作的最后一天。

“你被解雇了！”

他在一天之内，从一名受人尊敬的公司经理变成了一名失业者。

和所有的失业者一样，繁重的家庭开支迫使他必须找到生活来源。他的精神几乎承受不了这样的打击，他有时在街头呆坐，看着来来往往的人群，脑中一片空白。

有一天，他遇到了自己的一位朋友，这个朋友过去和他一样是经理，现在也同样遭到解雇的命运。两个人互相安慰，一起寻求解决的办法。

“为什么我们不自己创办一家公司呢？”

这个念头像火苗一样，在他心中一闪，点燃了他压抑在心中的激情和梦想。于是，两个人就开始策划成立家居仓储公司，两位失业的经理为企业制订了一份发展规划和一个“拥有最低价格、最优选择、最好服务”的制胜理念，并制订出使这一优秀理念在企业发展中得以成功实践的一套管理制度。

他们创办的就是后来拥有极高知名度的宜家家居仓储公司。如今他们的公司已经成为世界500强企业。

只要忘记了过去，就可以重新开始。今天是一个“结束”，又是一个“开始”。昨天是成功也好，失败也好，今天都可以重新来过。昨天失败了，不要紧，今天忘了它，总结失败的教训后继续努力。即便昨天是成功的，今天依旧要重新开始，在成功的基础上，争取更辉煌的业绩。

人生就是不断重新开始的过程，随时都可以有新的起点、新的希望。在社会中打拼，不可能总是一帆风顺、事事顺心，谁都难免遭受挫折与不幸，甚至失败。比如，你的想法得不到家人的支持，你的创意总是被老板否定，当你试图主动提建议时，总是遭到领导的白眼等，这些都是很多人在奋斗中经历过的挫折，是很难避免的。但是如果你就从此

把眼光拘泥于挫折的痛感之上，就很难抬头向前看，更不会取得成功。

失败在很大程度上标志着一个新的起点，是通向成功道路中的一道绚丽风景，是失败者东山再起的一块基石。“失败”更是一种“鼓舞”，能激发我们沉睡的激情，锤炼我们的意志，让我们做人生的“冠军”。

有位哲学家说过：“失败，是步入更高的起点。”检验一个人，最好是在他失败的时候：看失败能否唤起他更多的勇气；看失败能否使他更加努力；看失败能否使他发现新力量，挖掘新潜力；失败以后，看他是更加坚定信心，还是就此心灰意冷。

失败和挫折又算什么，人生随时都可以重来。

笑对昨天，珍惜今日

幸福的人往往把今天看做生命中的最好的日子，从而在每一个今天里让生命更充实、更完美。

美国女作家海伦·凯勒在她的著作《假如给我三天光明》中以残疾人特有的艺术感觉描述了一个残疾人对生命、对健康特有的感悟。书中并没有向我们展示多舛的命运，却让我们更多地感受到了作者热切、坦诚和真挚的人生态度。在与残疾的斗争中，她表现出了坚强不屈和积极乐观的精神，在朴素的话语中，她流露出了对世界强烈的爱和热切的希望。

海伦·凯勒为我们描述了她所希望的一切，她让我们深刻体会到生命之珍贵。其实，当下的生活就是上天赐予我们的最好的礼物。要珍惜当下，就要把每一天当成最好的日子来过。

人只有一次生命，生命只不过是一段时间而已。如果浪费了今天，就是毁坏了生命的最后记录。要珍爱每一天的每一个小时，因为它永远不会再回来。要用双手抓紧这一天的每一秒钟，并用爱心抚摸，因为它的价值是任何财富都买不到的。垂死的人虽然愿意献出他的全部财富，但也无法换回生命。难道能出个价钱去买时间吗？

把你的每一天都当成最好的日子。浪费时间就是在扼杀生命，所

以，我们都会憎恨那些浪费时间的行为，都想要摧毁拖延的习性。我们以真诚埋葬怀疑，用信心驱赶恐惧，不听闲话，不游手好闲，不与不务正业的人来往。

要做到把每一天当做一生中最好的日子，就要从今天、从现在做起，应该充分利用“现实”。生活在“现实”之中，不要把精力浪费在对过去的错误与失败的追悔上，也不要浪费于对未来的梦幻之中。

今天是我们生命中的最美好的日子。我们不应该常常生活于预期与幻想的世界中，幻想过度，会使生活趋于枯燥、乏味。预期、幻想会使我们对现在的地位和工作不感兴趣，甚至厌恶，因为它会削弱人们享受“现在”的能力。我们总是不约而同地想要摆脱现状，忽略现在，指望在渺茫的未来寻得快乐与幸福。其实这是一种错误的见解。有谁可以担保，脱离现有的地位，就可以得到幸福呢？有谁可以担保，今天不笑的人明天就一定会笑呢？

珍藏好人生的时间，不让一分一秒的时间白白溜走。不为昨天的不幸遭遇叹息。时光不会倒流。一句出口的恶言、一记挥出的拳头，一切已造成的伤痛，统统无法收回，我们唯一能做的是让它永远留在昨天。

我们应该认识到，只有“现在”是真实的，只有“现在”是存在的，每一天都是你生命中最好的日子。我们不应当将生命投射于“未来”的境界，或回归“过去”的地域。我们所有的一切只是永恒的“现在”。所谓年、月、日、小时、分、秒，不过是对整个永恒的“现在”生硬而勉强的划分。假使我们能够领悟到这一点，我们生命中享有的欢乐就会多得多。

幸福的人往往把今天看做生命中的最好的日子，并努力在每一个今天里让生命更加充实、更加完美。

第五章

用宁静稀释苦闷。用淡定收获快乐

放慢脚步，路有风景

请你偶尔放慢脚步，好好欣赏，因为更多的时候，幸福是躲在安静背后的一道风景。

世界就像一座城堡，城里的人想逃出来，城外的人想冲进去。身居繁华都市的人往往追求悠闲安静的田园生活；身在林深竹海的乡人却向往灯红酒绿的都市生活。

人生很多时候就像戏剧一样，很滑稽，我们往往不断追逐某些东西，为此永远不知疲惫，但是往往会在最后发现，在自己匆忙赶路寻找风景的时候，却错过了沿途最美的风景。

充分享受生活，放慢脚步让自己停留在一个没有过去，也没有未来，只有现在的地方。当你不再疲于奔命时，你会发现生命中未被发掘出来的“美”；当生活处在欲求永无止境的状态时，我们永远都无法体会生活之美。

有一天，一位青年人要进行一次长途跋涉。他因为急于到达目的地，便无视于遥远艰苦的路程，只是努力地赶路。长途漫漫，青年人累得精疲力竭。眼看就要到达自己想去的地方了，他终于松了口气。就在他心情放轻松的同时，他感觉到自己的脚下有一颗小石子磨得双脚很不舒服。那颗石子很小，小到让人根本察觉不到它存在。

其实，在青年人刚开始赶路不久，他就已经清楚地感觉到那颗小石子在鞋子里，不断地刺痛着脚底，让他觉得不舒服。

然而，青年人一心忙着赶路，也不想浪费时间脱下鞋子，索性不去理会。

过了很长时间，他才停下急匆匆的脚步，心想着：既然目的地已经快要抵达了，而又还有一些余暇时间，干脆就在山路上把鞋子脱下来，把脚下的小石子从鞋子里倒出来，让自己轻松一下吧！

就在青年人低头弯腰准备脱鞋的时候，他的眼睛不自觉地瞄向沿路的水光山色，竟然发现它是如此美丽。原来自己这一路走来，如此匆忙，心思意念竟然只专注在目的地上，甚至完全没有发现四周优美的景色。

青年人把鞋子脱下，将那颗小石子拿在手中，不禁赞叹着说："小石头啊！真想不到，这一路走来，你不断地刺痛我的脚掌心，原来是要提醒我，慢点儿走，留意生命中的一切美好事物啊！"

试着放慢脚步，就会发现许多我们不曾发现的"美好"。然而，我们总觉得自己的生活疲惫忙碌，无暇享受此刻美好的生活，是因为我们总是担心时间不够，就像我们总是觉得钱不够一样。学习停下脚步，享受已经拥有的时间、金钱与爱是我们生活中重要的一课。

如果知道天上的星辰一生只出现一次，那么人们一定都会出去仰望，而且看过的人一定都会大谈这次庄严和壮观的发现。媒体一定提前就大力宣传，而事后许久还要大赞其美。星辰果真只出现一次，我们一定不愿错过星辰之美，不幸的是它们每晚都闪亮，所以我们很久都不去抬头望一眼天空。

正如罗丹所说的："生活中不是缺少美，而是缺少发现。"不会

欣赏每天的生活是我们最大的悲哀。其实我们不必费心地四处寻找，“美”本来就是随处可见的。

现在，让我们给自己一段可以放慢脚步的时间，享受放松时的美景与快乐吧。让自己放松，你就会有解脱的感觉。

你是否时常回顾过去轻松休闲、没有压力的好时光？你是否时常单独在空旷的海滩或安静的公园里散步？你是否曾经在派对进行到一半时离开，来到花园里的树下？

只要你开始回想这些事，就会发现，让自己安静下来的过程本身就是一种乐趣。它不是娱乐，也不是一种感官刺激，但是，它确实是一种乐趣，一种单纯且无罪的乐趣。你应该开始了解——就算意识上还没有了解，潜意识应该也能够体会——达到安静是让人快乐的最简单、最有效的方法，也是通向幸福天堂的路。

“安静”是人生最好的境界，是人们必修的一堂课，它是春天里清朗的歌声，是成长后收获的果实。难得的“安静”和其他道德品质一样珍贵，它的价值远远胜过财富。

有人曾这样说过：“我们会结识这么一些人，他们勤奋、努力地工作，但是脾气暴躁，生活也因此而变得混乱不堪。他们无法欣赏美好的事物，只顾匆匆赶路，却忘了欣赏路边的风景，从而葬送了自己幸福安静的生活，破坏了他本该拥有的幸福。在我们身边，真正能享受平和宁静生活的人真是越来越少了。”

在当今这个快节奏的社会里，人们会因各种各样的事情而焦躁不安，会因自我控制能力的弱化而情绪波动。无论在哪里，在做什么，要往哪里去，都请记住：在生活的沙漠中，总会有一片绿洲等你去发现，总会有一些花朵在为你绽放。请你偶尔放慢脚步，好好欣赏，因为更多的时候，幸福是躲在“安静”背后的一道风景。

淡看不公平的现实

现实不如想象得美好、公正，也不如想象得一帆风顺。做好承受这一切的心理准备，你才能更从容地面对这个世界，从现实里发现美景。

许多人都在脑子里构思着“理想世界”，对社会、未来充满着美好的想象。这些理想永远都是“丰满”的，但现实总是显得那么“骨感”。这不是黑色幽默，而是鲜活的事实。不是经过努力，你的理想就能够实现的，现实条件也是很重要的砝码。

我们无法逃避许多不公平的经历，也无从选择，我们只能接受已经存在的事实并进行自我调整，抗拒不但可能毁了自己的生活，而且也许会使自己精神崩溃。因此，人在无法改变不公和不幸的厄运时，要学会接受它、适应它。我们不能完全改变不公平的世界，但我们可以改变自己的态度。面对生活中的种种不公平，须学会以一颗平常心去面对。

杨澜是很多人心中的知性女主持。她谈吐睿智，让很多人为之倾倒。但是她满怀理想所创办的阳光卫视以失败告终，这个过程让她学到了很多。

杨澜接受记者采访时，总结了这些经验：“创办阳光卫视初期，数字电视在内地开始露出可能大发展的趋势，依托这样的模式有针对性地

宣传，是我们预先设定的经营之路。然而，令我们想不到的是，数字电视收费模式至今没有完全建立起来，以至于我们在相当长的时间里走得非常艰难……这事给我留下了一个宝贵的经验，那就是：一个好的文化理想，一定要有一个合适的商业模式，才有可能最终走向成功。”

失败的挫折曾让杨澜很苦恼，她觉得自己已经很努力，甚至在怀孕的时候，也在进行商业谈判。从小到大，她所接受的教育就是：只要你足够努力，你就会成功。但后来她发现不是这样。如果一开始，你的策略、你的定位有偏差的话，无论你怎样努力都不会成功。所以阳光卫视的经历也让杨澜明白，如果想让理想站稳脚跟，一定要和市场接轨，只有在现实中才能找到一席之地，否则一切都是空中楼阁。

杨澜的经历告诉很多对生活充满幻想的人，必须要认清现实。理想只有和现实接轨，才能顺利前行。

“现实”，你也许会说，这是一个听起来就残酷的词汇，但是你必须学会面对它。因为现实的确比我们想象的要残酷。善良的人总把这个世界想象得很美好，并且认为公平合理是生活中应有的现象。但我们经常听人说“这不公平”或者“凭什么你可以那么做而我不可以”，整天要求公平合理。发现“公平”不存在时，心里便不高兴。应当说这并不是一种错误心理，但是，如果因为不能获得公平，就产生一种极度消极的情绪，甚至影响到生活和工作态度，就要注意了。

现实不如想象得美好、公正，也不如想象得一帆风顺。做好承受这一切的心理准备，你才能更从容地面对世界，从现实中发现美景。

享受寂寞，排除外界干扰

享受寂寞者，纵使置身喧嚣的闹市，仍然身外无物，心静如水；独处大漠，仍有长河落日做伴；红尘再热闹，行走的脚步也永远不会虚浮。

寂寞，不是无可留恋的形单影只，而是岁月沉淀下独享的“美丽”；寂寞，并非磨难重重的苦境，而是可通往自由之界的通途。寂寞本身并不可怕，只要人的内心充满阳光，便能在心灵的寂寞中享受到静谧的美丽。

一个人想有所成就，必须经历一段潜伏期，潜伏期即是光明来临之前的黑夜。在成功之前，大多数人必然要经历一段被自己埋没也被他人埋没的过程，在这段时间内，如果因一时的不被赏识而暴躁不安，很可能会前功尽弃；如果暂时静下心来，耐心等待，于寂寞深处养精蓄锐，甚至享受“寂寞”，这种经历就会令整个人生受益匪浅。国学大师季羡林先生就是一位甘于寂寞并懂得享受寂寞的人。

20世纪30年代，季羡林先生独自一人前往德国求学，对故乡及亲人的思念只能深埋心中。但在德国十几年，他没有被“寂寞”打垮，从最开始的人生地疏，到慢慢适应，潜心求学，屡遇良师，学识大有长进，

人生阅历也有所积累，只是身边少了亲人陪伴。即使回国之后，由于工作原因，季老多半也是过着独身生活。直到1962年，妻子彭德华从济南搬到北京来，季老才感慨：“总算是有了一个家”。

从翩翩少年到两鬓斑白的耄耋老人，数十年中，季先生都醉心于学术研究。但凡学术有所成就之人，必是经过磨砺和考验之人。学术本身枯燥乏味，漫无止境地研究和考证，让很多人望而却步，而季先生不急不躁，数十年如一日苦心经营自己的学术大厦。到了晚年，为了写作《糖史》，他仍然不厌其烦地翻阅各种资料，做到细之又细，详之又详，此种精神非常人可比。

季先生曾经写过一篇散文《马缨花》，在这篇文章中，他描绘了自己当年的寂寞：“曾经有很长的一段时间，我孤零零一个人住在一个很深的大院子里。外面走进去，越走越静，自己的脚步声越听越清楚，仿佛从闹市走向深山。等到脚步声成为空谷足音的时候，我住的地方就到了。”

家中若安静到只能听见自己的脚步，该需要多大的勇气和承受能力，更何况常年如此！从最初落寞与孤独，到慢慢地享受这种“寂寞”，才可以渐渐了悟寂寞中蕴涵的“美丽”，也可以在这份难得的宁静状态中思考很多关于自己、关于人生的深刻问题。

生活中真正的智者往往与“寂寞”同行。他们就像是武侠小说中的绝顶高手，唯有耐得住寂寞，才能在潜心修炼中练就绝世武功；唯有守住寂寞，才能在凝神之间习得抛却外界一切干扰的定力；唯有甘于寂寞，才能无欲无求，才能泰山压顶而岿然不动。

懂得享受“寂寞”的人，会在沧海桑田的变迁中收集新绿。懂得享受“寂寞”的人，真正悟得了人生的智慧，参透了万物的玄机，能够时时专注一境，身心轻安。享受寂寞者，纵使置身喧嚣的闹市，仍然身外无物，心静如水；独处大漠，仍有长河落日做伴；红尘再热闹，行走的脚步也永远不会虚浮。在他们的眼中，世界上的一切悲欢离合、兴衰荣辱只不过是漫漫人生旅途中相遇的过客和不同的价值符号，其本源意义都是殊途同归。苦难是磨砺，是天赐和厚爱；寂寞有静美，是蛰伏与爆发。

保持内心宁静，做到心外无物，才能够于寂静中享受人生，才能在寂寞中找到乐趣。

静思冥想，摒除浮躁和烦恼

当“孤独”来临时，去体味它、享受它，在欣赏完绚烂的夏花之后，不妨沉下心来，品读静美的秋叶。

波澜万丈的生活激荡人心，令人心驰神往。但在人生的长河中，更多的则是平静得心态，你总要学会一个人慢慢地享受人生，总会有那么一个时刻，你是孤独无助的。但不要害怕，因为这本身就是人生给你的最高馈赠，正如罗曼·罗兰所说：“世上只有一个真理，便是忠实于人生，并且爱它。”那么，当“孤独”来临时，去体味它、享受它，在欣赏完绚烂的夏花之后，不妨沉下心来，品读静美的秋叶。

一个人独处的时候，你可以想象很多事情。此时，你的心也许像一朵缓慢开放的鲜花。你还可以在想象中到达你所期望到达的一个安静的所在，那是一片远离了人群的白色海滩，或者是一座山中的小木屋。

我们能够通过静思逐渐认识自己。坐在山顶上静思，在自己公寓里和家里就能做这件事。我们与家人住在一起时可以静思，工作时也同样可以静思。如果我们经常进行反思，也就能逐渐清醒地认识到我们所做事情的价值。这种自我意识，比其他任何东西都更能使我们摆脱令人厌倦的工作。没有这种发自内心的自我意识，多数人会在生活中随波逐流，不明白自己做事的目的。

你无须定时定点，每天只用几分钟静坐沉思便可以了。就像平时静思那样坐好，集中精力在每一呼吸动作上，然后去想象爱、容忍、仁慈逐渐将你包围，占据你的整个心灵，使你感到爱的温暖，犹如置身于爱的怀抱中。在这种感觉和温暖中呼吸，让它蔓延到全身，使全身都感觉到温暖。你可以按自己的愿望，长时间地享受这种情感，而不停地深呼吸。每一次呼吸都给你带来心灵更多的爱。做完之后，你会感到心情更加平静、安详，更充满爱心。

在静思中体会到的“寂静”太美妙了，它把你与外部世界联系在一起，这一点在你不断遭受到外界噪音刺激时是无法做到的。在下一次有机会时，你不妨试一试。晚上回到家后，不要忙着开电视机，如果你是一人独处，那种没有人“做伴儿”的感觉也许很可怕，但如果你这样过几天，经过一个过渡的阶段，你慢慢就会使自己适应了。早晨也不要打开电视机，多享受一下安宁和温馨的氛围，听一听自己心灵的感受。

你还可以就在家里为自己辟出一个清静的地方，安排一个夜晚，独自一人静静地待在家里；有可能的话，再去为自己安排一个独享的安静的周末。当然，假如你是独自生活，安排起来会容易得多，不过如果你的家人同你合作，你也能办到。全家人在一起，也可以在家里创造一个寂静的环境，没必要花许多钱躲到外面去找清静之所。

环境影响心态。快节奏的生活，无节制地污染环境，以及令人难以承受的噪声，等等，都让人难以宁静。你会发现，当你每天躲开喧闹声后，就会更充分自由地享受悦耳的声音。在某个晚上放一段美妙的乐曲，没有不和谐噪音的情况下，可以尽情地欣赏它。你还可以花点时间和你喜欢的人交谈，用心去听他说的每一句话，而不去听电视节目里对你来说毫无意义的说辞。如果你有孩子，还可以听听他们对世界的认识。

环境的搅拌机随时都可以把人们宁静的内心撕个粉碎，让人遭受浮躁和烦恼之苦。然而，“宁静”才是生命的真谛，排除杂念，心外无一物，不被环境所困扰，就能达到陶渊明诗中“结庐在人境，而无车马喧”的境界。

静下心来反省，认清自我

观水学做人，时常自省，便能和光同尘；愈深邃愈安静，便能至柔而有骨，执著能穿石，以“天下之至柔，驰骋天下之至坚”。

心能静下来的人，才能够在纷繁扰攘中认清自身，反省自己的所作所为。

“自省”像一面清澈而光亮的镜子，它可以照见人们心灵上的污点。所以，明智的人自然懂得“吾日三省吾身”的重要性。真正懂得反省的人，经过时光的荡涤，便能冲洗掉俗世中纷纷扰扰的尘埃，给自己一个美好而单纯的人生。

现在有很多人常常喜欢遮盖自己的错误，为自己所犯的错误寻找各种各样的借口。有的人未能把事情做好，却不自我检讨，而是找来各种托辞，比如在吃饭的时候打碎了碗，他并不认为这源于自己不小心，反而会抱怨“地太滑了”，“石子路太硬，不方便走路”或者“碗太不结实了”之类。他自作聪明地认为这些借口似乎能够堵住他人责备自己，殊不知这只会让自己在别人眼中更加可笑。但是，如果任何时候都能让自己的心像湖水一样沉静下来，可以扫除纷繁芜杂的内心，使心灵更加纯净。

“知人者智，自知者明。”观水自照，可知自身得失。人生在世，若能时刻自省，还有什么痛苦烦恼是不能排遣、摆脱的呢？水性是至洁的，表面藏垢纳污，实质却水净沙明，不为外物所染。若能时常自省，使心静如水，那么品德便会川流不息。

观水学做人，时常自省，便能和光同尘；愈深邃愈安静，便能至柔而有骨，执著能穿石，以“天下之至柔，驰骋天下之至坚”。时常自省，便能激浊扬清，义无反顾；时常自省，便能灵活处世，不拘泥于形式，因时而变，因势而变，因器而变，因机而动，生机无限；时常自省，便能清澈透明，洁身自好；时常自省，便能润泽万物，虚怀若谷，奉献而不图回报。

一个心静如水的人一定是善于反省的人，往往能及时发现自己的错误，也明白诚实认错是最明智的做法，而不是想方设法找理由为自己辩护。借口不过是人做错事的挡箭牌，是敷衍别人、原谅自己的护身符，是掩饰弱点，逃避责任的百验灵丹药。这些只会让人忽视自己的缺点，盲目自大。

我们在犯了错误，或者遇到一些挫折、坎坷的时候，要静下心来进行反省，认清自我，以走好漫长的人生路。

安之若素，淡定从容

宁静，是一种气质、一种修养、一种境界、一种悠远的内涵。安之若素，沉默从容，显示了一个人的涵养和理智。

“非宁静而无以致远。”诸葛亮如是说。“宁静”是使泰山崩于前而色不变，是大胸襟，也是大觉悟。

现代人品味了太多紧张与焦灼的生活，人也变得渐渐浮躁起来，可是往往不利于事情的发展。因此，与其让浮躁影响我们正常的思维，不如放开胸怀，静下心来，默享原味的生活。

“宁静”可以沉淀出生活中许多纷杂的浮躁气，过滤出浅薄粗率等人性的杂质，可以避免许多繁杂的事情发生。宁静，是一种气质、一种修养、一种境界、一种悠远的内涵。安之若素，淡定从容，显示了一个人的涵养和理智。

不要轻易起心动念，就可进入宁静之境。其实，人生不必太过急功近利，不如将生活节奏放缓。

抗日战争时期，梁实秋滞留在四川成都，当时他所处的环境可以说与一座“牢狱”没有多大差别。然而，他将其住所取名为“雅舍”，且一住七年。豁达的心胸和踏实的生活态度，在梁实秋先生看来是为自己

“减刑”的方法。

正是在这样的环境中，梁实秋先生除完成中小学战时教材的编写任务外，还创作了《雅舍》等十几篇小品文，翻译了莎士比亚的《亨利四世》等多部外国作品。在为散文集《雅舍》作序时，梁实秋先生说：“我非显要，故名公巨卿之照片不得入我室；我非牙医，故无博士文凭张挂壁间；我不业理发，故丝织西湖十景以及电影明星之照片亦均不能张我四壁。”这些话表达了他对社会各色人等自我炫耀和浮躁之陋习的讥讽，亦有对自我个性的张扬：我自有我的生活方式，我的人生趣味，对他人既不艳羡，亦不模仿。

正是这种踏实而不浮躁的生活态度，让困境里的梁实秋先生感受到了生活的乐趣。

拥有一颗宁静的心，我们才能从容地面对自己的生活。很多时候，我们处在困窘的处境中，似乎会有更多的渴望。然而，太多不切实际的杂念，也往往是我们登上人生顶峰的最大阻碍。这时候，如果我们能够让心态平和下来，不受外界干扰，才有时间去思考一些深层次的东西。

面对世间纷杂的事物，我们要保持平静的内心，避免受到外物干扰。而对于这些外物，即使我们把它追到手，也未必会感到满足，反而会使人产生更多、更大的欲望来。心如止水，才能平静看待世间的万物。

沉住气，才能成大器

有的人身在山林而心在世俗，而也有的人身在世俗而心在山林。如果将一颗心修炼好，无论身处何处，都会自在无碍。

成就大业者在其创业初期，都是能耐得住寂寞的。古今中外，概莫能外。门捷列夫发表化学元素周期表，居里夫人发现镭元素，都是他们在寂寞、单调中沉得住气，扎扎实实做学问，在反反复复的冷静思索和多次实践中获得的成就。

成就事业要能忍受孤独、潜心静气，才能深入“人迹罕至”的境地，汲取智慧的甘饴。如果过于浮躁，急功近利，就可能适得其反，劳而无功。

在职场中，不少人学习投机取巧的“成功哲学”，不扎扎实实做工作、求业绩，敷衍工作，损公肥私，这种态度延续下去，必定会影响在事业上进一步发展。所谓“机关算尽太聪明”，到头来，终是“聪明反被聪明误”。

刘志威和孙博同时被一家4S店聘为销售员。同为新人，两人的表现大相径庭：刘志威每天都跟在销售前辈身后，留心学习别人的销售技巧，积极向顾客介绍各种车型，没有顾客的时候就坐在一边研究默记不

同车款的配置；孙博则把心思放在了如何讨好领导上，常常是算好时间，每当领导进门时，他都会装模作样地拿起刷子为车刷灰尘。

一年过去了，刘志威终于得到回报，不仅在新人中销售业绩遥遥领先，在整个公司的业绩也名列前茅，得到了老板的特别关注，并在年底顺利地被提升为销售顾问。孙博却因为没有把公关特长用在工作上，甚至好几个月业绩不达标，部门领导也因此冷淡了他。孙博在公司的地位岌岌可危，不久便被迫辞职了。

其实，做表面功夫是很累的，而且很容易被别人揭穿。与其把大部分时间放在精心策划的忙碌表演上面，还不如真真正正地做点事情，从一开始就端正态度，沉住气，扎扎实实做事。在为公司创造业绩的同时，自己的能力与价值也得以提升，日后要想谋求更大的发展，也就相对容易多了。

在流行凡事讲究惊天动地、轰轰烈烈的环境下，低姿态的进取方式常常能够取得出奇制胜的效果。

我们无论在工作还是生活当中，都应该静下心来深入钻研，“见人所不能见，思人所不能思”，其结果也必然能成人所不能成之功。

人生要耐得住寂寞，不仅仅是表面上看到的那样，一个人隐居山林，更重要的是心能否彻底超脱俗事牵绊。有的人身在山林而心在世俗，而也有的人身在世俗而心在山林。如果将心态修炼好，无论身处何处，都会自在无碍。

做人切忌浮躁、虚荣、好高骛远；应沉下心来，守住宁静的内心，淡泊名利，踏实求进。

用“冷静”化解危机

谣言产生并不是什么可怕的事，冷静思考是我们对待谣言的最好处理办法。

生存于一个团体之中，无论如何做人，也无法让每一个人都满意，更何况当有利益纷争出现的时候出于种种原因，对我们不利的谣言就来了，有评击我们能力不足的，也有诽谤我们的信誉和人格的。

流言很多，常令我们身陷被动的境地。其实对于身陷谣言旋涡中的人来说，最需要的是冷静的头脑，而非沮丧的心情和失望的愤怒情绪。

他人对我们造谣的动机各种各样，我们越在不顺心的时候就越要保持冷静。

1952年，尼克松参加了艾森豪威尔总统的竞选班子。就在这时，有人揭发：加利福尼亚州的某些富商以私人捐款的方式暗中资助尼克松，而尼克松将那笔钱据为己有。

尼克松据理反驳，说那笔钱是用来支付活动开支的，绝没有据为己有。但是，艾森豪威尔要求他的竞选伙伴必须“像猎狗的牙齿一样清白”，准备把尼克松从候选人名单中除去。

这样，那一年10月的一天晚上，10点30分，美国所有的电视台、电

台将各自的镜头、话筒对准了尼克松——他不得不通过电视讲话解释这些捐款的来龙去脉，为自己辩护。

尼克松在讲话中并没有单刀直入地为自己辩解，而是多次提到他的出身如何低微，如何凭借自己的一股勇气、自我克制和勤奋工作才得以逐步上升的。这合乎美国那种“竞争面前人人平等”的国情，博得了观众和听众的同情。

说着说着，他话题一转，似乎是顺便提起了一件有趣的往事，他说道：“在我被提名为候选人后，的确有人给我送来一件礼物。那是在我们一家人动身去参加竞选活动的当天，有人说寄给了我家一个包裹。我前去领取，你们猜会是什么东西？”

尼克松故意打住，以提高听众的兴趣。“打开包裹一看，是一个条箱，里面装着一条西班牙长耳朵小狗儿，全身有黑白相间的斑点，十分可爱。我那6岁的女儿特莉西亚喜欢极了，就给它起了一个名字，叫‘棋盘’。大家都知道，小孩子们都是喜欢狗的。所以，不管人家怎么说，我打算把狗留下来……”

这就是尼克松著名的“棋盘演说”。

事后，美国的一份娱乐杂志马上把这次“棋盘演说”嘲讽为花言巧语的产物。好莱坞制片人达里尔·扎纳克则说：“这是我从未见过的最为惊人的表演。”

尼克松当时还以为自己失败了，为此还流过不少眼泪。可最后事态的发展完全出乎大家的意料，成千上万封赞扬他的电报涌进了共和党全国总部，最终，他也因此被留在了候选人的名单上。

“冷静”是“卓越”的基础，只有冷静才能让自己不乱方寸，在谣言的旋涡中立住脚，以便伺机出击、反击对手。尼克松能够在谣言缠身时，在电视演讲中气定神闲地讲起自己家庭生活中的趣事，很多时候解释等于掩饰，越解释反而让大众反感，以为只是作秀。“冷静”让观众觉得他不像谣言所传的那样，对他产生信任感。

“冷静”更是保证我们准确判断的重要因素，没有冷静的头脑，就不会产生正确的决策和行之有效的计划。谣言产生并不是什么可怕的事，冷静思考是我们对待谣言的最好处理办法。阮玲玉就曾因为谣言漫天飞舞，而割腕自杀，只留下了“人言可畏”几个字，这多少是她没能保持头脑冷静的结果。

“冷静”是一种出色的自制力，一个遇事总是头脑发热、丧失理智的人是非常危险的。当不利于我们的谣言出现时，告诉自己：这很正常，要用“冷静”击破它！

能屈能伸，宠辱不惊

能视宠辱如花开花落般平常，才能“不惊”；能视名利去留如云卷云舒般变幻，才能“无意”。

有一则有趣的笑话：下雨了，大家都匆匆忙忙往前跑，唯有一人不急不慢，在雨中踱步。旁边跑过的人十分不解：“你怎么不快跑？”此人缓缓答道：“急什么，前面不也在下雨吗？”

从某种特殊的角度看，当人们在风雨中匆忙奔跑之时，那个淡然安定、欣赏雨景的人，其实深谙从容的生活智慧。在现代都市竞争的人性丛林，从容淡定是一种不容易达到的大境界，别人都在慌不择路，只有他镇定从容。

其实，沮丧的面容、苦闷的表情、恐惧的思想和焦虑的心态，都是缺乏自制力的表现，是无法控制环境的表现。它们是人类的敌人，我们要把它们抛到九霄云外。无论得意和失意，都能从容应对，这样才算达到了一种较高境界。

宋代苏轼在江北瓜州地方任职。瓜州和江南金山寺只一江之隔。他和金山寺的住持佛印禅师经常谈禅论道。一日，苏轼自觉修持有得，撰诗一首，派遣书童过江，送给佛印禅师印证。诗云：“稽首天中天，毫光照大千。八风吹不动，端坐紫金莲。”“八风”是指人生所遇到的“嗔、讥、毁、誉、利、衰、苦、乐”八种境界，因其能侵扰人心情绪，故称之为“风”。

佛印禅师从书童手中接过，看了之后，拿笔批了两个字，就叫书童带回去。苏轼以为禅师一定会赞赏自己修行参禅的境界，急忙打开禅师之批示，一看，只见上面写着“放屁”两个字，不禁无名火起，于是乘船过江找禅师理论。船快到金山寺时，佛印禅师早站在江边等待苏轼，苏轼一见禅师就气呼呼地说：“禅师！我们是至交道友，我的诗、我的修行，你不赞赏也就罢了，怎可骂人呢？”禅师若无其事地说：“骂你什么呀？”苏轼把诗上批的字拿给禅师看。禅师呵呵大笑说：“言说八风吹不动，为何一屁打过江？”

苏轼闻言，惭愧不已，自认修为不够。

《菜根谭》里说：“宠辱不惊，闲看庭前花开花落；去留无意，漫随天外云卷云舒。”为人能视宠辱如花开花落般平常，才能“不惊”；视名利去留如云卷云舒般变幻，才能“无意”。“闲看庭前”大有“躲进小楼成一统，管他冬夏与春秋”之意；“漫随天外”则显示了目光高远，不似小人一般浅见的博大情怀；一句“云卷云舒”又隐含了“大丈夫能屈能伸”的崇高境界。对事对物，对功名利禄，失之不忧，得之不喜。

不管过去的一切多么痛苦要把它们抛到九霄云外。不要让担忧、恐惧、焦虑和遗憾消耗你的精力。一首耳熟能详的老歌唱道：“曾经在幽幽暗暗反反复复中追问，才知道平平淡淡从从容容才是真。”确实，只有做到了平平淡淡、从从容容，方能心态平和，恬然自得，乐观进取，笑看成败。

做人要学会宠辱不惊，得意之时不忘形，失败则继续努力，无论怎样地上升和降落，都应泰然处之，从容淡定地面对人生。

第六章

包容生活中的“不满”

惩人之错，不如引人行善

“冤冤相报何时了”，只有用宽恕消弭怨怼，才能让报复止于心中。

我们每天都在生活，有过错总是在所难免，但是我们仍然可以生活下去，是因为别人在用一种宽容的心态在包容我们的过错。我们所能做出的回应，就是用一颗宽容的心去面对自己遇到的人和事。

任何人即使曾经有过再大的错误，只要改过了，就应该得到人们的原谅。宽容他人，信任他人，即是对人性的肯定。要做到胸襟开阔，一般须认识到“人无完人”，做到得理让人，宽容别人。

惩罚人的过错，不如引人为善。因为没有谁愿意成为众人唾弃的对象，一句劝告的忠言胜过一条惩罚的皮鞭。

一次，楚庄王因为打了大胜仗，十分高兴，便在宫中召开盛大晚宴，招待群臣。宫中一片热火朝天，楚庄王也兴致高昂，让自己最宠爱的妃子许姬替群臣斟酒助兴。

忽然一阵大风吹进宫中，蜡烛被风吹灭，宫中立刻漆黑一片。黑暗中，有人扯住许姬的衣袖。许姬便顺手拔下那人的帽缨挣脱离开，来到楚庄王身边告诉楚庄王：“有人想趁黑暗调戏我，我已拔下了他的帽缨，请大王快吩咐点灯，看谁没有帽缨就把他抓起来处置。”

楚庄王悄声说：“且慢！今天我请大家来喝酒，酒后失礼是常有的事，不宜怪罪。再说，众位将士为国效力，我怎么能为此辱没我的将士呢？”说完，楚庄王不动声色地对众人喊道：“各位，今天寡人请大家喝酒，大家一定要尽兴，请大家都把帽缨拔掉，不拔掉帽缨不足以尽欢！”于是群臣都拔掉自己的帽缨，楚庄王再命人重新点亮蜡烛，宫中一片欢笑，众人尽欢而散。

三年后，晋国和楚国爆发了战争，楚庄王亲自带兵出战。交战中，楚庄王发现军中有一员将官总是奋不顾身，冲杀在前，所向无敌。众将士也在他的带动下，奋勇杀敌，斗志高昂。这次交战，晋军大败，楚军大胜回朝。

战后，楚庄王把那位将官找来，问他：“寡人见你此次战斗奋勇异常，寡人平日好像并未对你有过什么特殊好处，你为什么如此冒死奋战呢？”那将官跪在庄王阶前，低着头回答说：“三年前，臣在大王宫中酒后失礼，本该处死。可是大王不仅没有追究问罪，反而设法保全我的面子，臣深深感动，对大王的恩德牢记在心。从那时起，我就时刻准备用自己的生命来报答大王的恩德。这次上战场，正是我立功报恩的机会，所以我才不惜生命，奋勇杀敌，即使战死疆场也在所不惜。大王，臣就是三年前那个被王妃拔掉帽缨的罪人啊！”

一番话使楚庄王和在场将士大受感动，楚庄王走下台阶，将那位将官扶起，那位将官已是泣不成声。

楚庄王如果有心追究，那个犯了错的将官一定是死路一条。但是，宽容的楚庄王给了那位将官生的机会，也为自己赢得了胜利的机会。西方谚语说：“赠人玫瑰，手有余香”，给别人带来好处，自己也能从中

收获幸福感。自私自利、心胸狭窄的人，就很难体会到这样的满足感。

当然，人非圣贤.有时候，要去原谅别人对自己的伤害，确实有点困难，但出于自身的健康与幸福，学习宽恕他人，甚至忘了所有的怨恨，也可以算是一种明智之举。“宽容”有时给自己带来痛苦，但那痛苦是短暂的；“刻薄”有时给自己带来快乐，但那快乐也不会长久。

有位哲人说过：“以恨对恨，恨永远存在；以爱对恨，恨自然消失。”待人之道，贵乎宽容。我们不能抱着“以眼还眼，以牙还牙”的心态去面对一切，正所谓“冤冤相报何时了”，只有用“宽容”消弭怨怼，才能让报复止于当下。

只有“宽容”才能化解世间的仇恨，只有“宽容”才能成为慰藉心灵的良药。“宽容”也是一种幸福，饶恕别人的时候，不但给了别人机会，也取得了别人的信任和尊敬，也就能够与他人和睦相处。“宽容”更是一种财富，拥有宽容，是拥有一颗善良、真诚的心。“宽容”和“忍让”也是人生的一种“豁达”，是一个人有涵养的重要表现。

人有时会在一时冲动之后犯下错误，事后如果已经感到内疚，最需要的就不是重罚，而是予以谅解和宽容。与其痛惩他的过错，不如用宽容的心对待他，引他为善，世上就少了一个恶人，多了一个善士。

把怨恨写在沙滩上

把怨恨写在沙滩上，而不要留在我们的心里。让所有的不满情绪、牢骚、怨言都随着波浪的一次次冲刷而流走，不留一丝痕迹。

有时，别人由于粗心大意、或者是经验不足等原因犯下了错误。可是，他人错误造成的结果由我们来承担。于是，我们非常无辜地要为别人的失误而承受负面影响。这时，我们很可能对对方恨得咬牙切齿，内心充满了怨恨。在怨恨别人的同时，我们自己的生活其实也并不是心平气和的。

生活中每一个人都是另一个人旅程的伴侣，凡事都不要过于强求，若能原谅别人的无心之过，为别人想一想，便会减少很多不满和抱怨，使自己的工作和生活气氛轻松愉快，使人与人之间的关系变得平和美好。

鲍勃·胡佛是一位著名的飞行员，常常在航空展览中做飞行表演。一天，他在圣地亚哥航空展览中表演完毕后飞回洛杉矶。中途飞机突然不能正常飞行，正如《飞行》杂志所描写的，在离地面300米的高度，飞机两个引擎突然熄火。此时，情况非常紧急，随时可能机毁人亡。凭借丰富的经验和熟练的技术，他操纵着飞机成功着陆。但是，飞机严重损坏，所幸的是人没有受伤。

在迫降之后，胡佛首先检查飞机的燃料。正如他所预料的，他所驾驶的第二次世界大战时的螺旋桨飞机，居然装的是喷气式飞机燃料而不是汽油。了解到这个情况后，胡佛就已经明白，肯定是机械师的失误造成了这次事故。回到机场以后，他要求见见为他保养飞机的机械师。那位年轻的机械师为自己犯下的错误极为自责。当胡佛走向他的时候，他正泪流满面。他造成了一架非常昂贵的飞机严重受损，还差一点使飞行员失去生命。

可以想象，胡佛必然大为震怒，并且预料到这位极有荣誉心、事事要求精确的飞行员必然会痛斥机械师一顿。但是，胡佛并没有责骂那位机械师，甚至没有批评他。相反，他用手臂抱住那个机械师的肩膀，对他说："为了表示我相信你不会再犯错误，我要你明天再为我保养飞机。"

胡佛的举动颇令人意外。对于年轻的机械师而言，在他犯了错误之后，胡佛不仅能够原谅他的错误，而且还非常信任地继续任用他，也是对他的极大鼓舞和鞭策。也不难想象，年轻的机械师有了这次教训之后，此后工作必定会更加谨慎认真。

有一句格言："不要太苛求、抱怨他人。"要用博大的心胸对待有过失的人。人人都会犯错误，倘若犯了错误之后不给改过自新的机会，就会激化矛盾，造成不良后果。如果我们能不过分计较他人的过失，设身处地为他人着想，或许在宽容的背后，还能感化一颗顽劣的心。并没有多少人会得寸进尺，人们在得到他人的原谅后，多半会真心悔悟。

当然，并非人人都能够做到以宽广的心胸谅解他人。能做到这些的人也不是他们天生具备这种能力，这要有生活的积淀和豁达的精神境界才能。即使由于别人的失误，为自己带来了很大的损失，也不要让内心世界充满仇恨和愤怒。内心的愤恨常常会使我们变得面容扭曲、行为乖张，还会让我们的人格遭人鄙视。

一旦他人犯下错误，对我们产生了负面的影响，也要学会宽容，给他人留下机会弥补自己的过失。

把“怨恨”写在沙滩上，而不要留在我们的心里。让所有的不满情绪、牢骚、怨言都随着波浪一次次冲刷而流走，不留一丝痕迹。留给我们的是冲刷浑圆的鹅卵石，圆润光滑。

宽容的人容易获取快乐的情绪，涤荡掉烦恼，留下了开心与愉悦。在原谅他人的过错后，我们的内心会少了一份沉重的负担，多了一份惬意的心。

怒气少了，心就宽了

怒气会传染，克制不容易。无论发生什么，都要时刻谨记：不要迁怒于人。

有人问过孔子：你的弟子中哪一个最好学呢？孔子抚须微笑：颜回最好学，心平气和，做人认真，可惜最是命苦，英年早逝。他死后，几乎没看到好学的人。

孔子最得意的弟子便是颜回，他曾不止一次地称赞过颜回的品性修养与人格魅力。在孔子看来，颜回一直踏实探求着做人做事的人生道理，不迁怒于人，不犯同样的错误。这样的人太少见了。能够做到像颜回一样“制怒”的恐怕很困难。

面对别人的挑衅和辱骂，只要我们能够平静对待，不把它们放在心上，那么所有的责难就会烟消云散。更有趣的是，当你视别人如无物的时候，往往会令对方毫无办法，感到自讨没趣，很快便会悻悻然离开。有人说，世界上最无敌的有两种人，一种是不怕死的，另一种是不动心的。如果能以自己的“不动”应付对方的“动”，就好比以柔克刚，无坚不摧。在平常的生活中，“不动”的境界通常被人们称为涵养。

我们常常因为一些对自己不利的事情而生闷气。为什么老板总不给自己涨工资，为什么丈夫总是不理解自己，朋友为什么会在关键的时刻明哲保身，等等，这些事情会让我们怒火中烧。生气无用，不仅不利于解决生活中的问题，反而会让头脑发热，做出一些让自己后悔终身的事情。所以，当我们生气的时候要尽量克制自己，重要的是找出解决问题的方法。

当别人的错误被加诸自己身上时，也要制怒，不要用别人的错误来惩罚自己或其他人；自己有了错误，更须制怒，不要因为自己的错误去迁怒不相干的人。怒气会传染，克制不容易。活着不必惦记一报还一报，逍遥一点，快乐一点，怒气少了，别人舒服，自己也会舒服。

面对嘲笑多点雅量

面对他人的嘲笑，一定要有胸襟、有雅量，这同时也是一种做人的智慧。

生活是需要智慧的，如果你不够睿智，那至少可以豁达。以乐观、豁达、体谅的心态看问题，就会看出事物美好的一面；以悲观、狭隘、苛刻的心态去看问题，你会觉得世界一片灰暗。两个被关在同一间牢房里的人透过铁窗看外面的世界，一个看到的是美丽而神秘的星空，另一个看到的是地上的垃圾和烂泥，这就是心态的区别。

面对嘲笑，最忌讳的做法是勃然大怒，大骂一通，其结果只会让嘲笑之声越来越炽。要让嘲笑自然平息，最好的办法是一笑了之。一个有目标的人，会有风度、有气魄地接受一切非难与嘲笑。唯有小丑式的人物，才会像一只烦人的青蛙一样，整天聒噪不休。

面对他人的嘲笑，一定要有胸襟、有雅量，这同时也是一种做人的智慧。

美国前总统福特在大学里是一名橄榄球运动员，体质非常好。在他62岁入主白宫时，身体仍然非常健康。当了总统以后，他仍坚持滑雪，打高尔夫球和网球。

在1975年5月，他到奥地利访问。当飞机抵达萨尔茨堡，他走下舷梯时，皮鞋碰到一个隆起的地方，脚一滑就跌倒了。他站起来，没有受伤，但使他惊奇的是，记者们竟把他这次跌倒当成一个大新闻，大肆渲染起来。在同一天里，他又在丽希丹宫被雨淋湿了的长梯上滑倒了两次，险些跌下来。随即一个说法散播开了：福特总统笨手笨脚，行动不灵敏。自此以后，福特每次跌跤或者撞伤头部或者跌倒在雪地上，记者们总是添油加醋地把消息向全世界报道。

后来，他不小心跌跤竟然也变成新闻了。哥伦比亚广播公司曾这样报道说：“我一直在等待着总统撞伤头部，或者扭伤胫骨，或者受点轻伤之类的来吸引读者。”记者们如此大力渲染，似乎想给人们一种印象：福特总统是个行动笨拙的人。

福特的新闻秘书朗·聂森对此提出抗议，他对记者们说：“总统是健康而且优雅的，他可以说是我们能记得起的总统中身体最为健壮的一位。”

“我是一个活动家，”福特抗辩道，“活动家比任何人都容易跌跤”。

他对别人的玩笑总是一笑了之。1976年3月，他还在华盛顿广播电视记者协会年会上和切维·蔡斯同台表演过。节目开始，蔡斯先出场。当乐队奏起“向总统致敬”的乐曲时，他“绊”了一下，跌倒在歌舞厅的地板上，头部撞到讲台上。此时，每个到场的人都捧腹大笑，福特也跟着笑了。

当轮到福特出场时，蔡斯站了起来，佯装被餐桌布缠住了，弄得碟子和餐具纷纷落地。蔡斯装出要把演讲稿放在乐队指挥台上，可一不留心，稿纸撒得满地都是。众人哄堂大笑，福特却满不在乎地说道：“蔡斯先生，你是个非常、非常滑稽的演员。”

我们需要多一些雅量。雅量意味着胸怀、风度和气质，它是斤斤计较、心胸狭窄的天敌，它对有意或无意间的伤害是宽厚的，对敌意的攻击是忍让的。

有雅量的人对人对事看得开、想得开，不会计较生活中的得失。一个人胸怀宽广，就会站得高、看得远，就会宽容他人、善待他人。有了这样的雅量，对于别人对自己的误解、偏见，乃至讽刺、挖苦、谩骂等，就会统统不放在心上，更不会为此愁肠百结、郁愤难平、伺机报复，这样的人就会使人感到可亲、可敬、可佩。

人与人之间的争论是常有的，一个真正有雅量的人，不会因为别人和自己争论问题而对对方耿耿于怀，更不会因为别人驳倒了自己的意见而恼羞成怒。雅量，不是看破红尘、心灰意冷，也不是与世无争、随波逐流，而是一种修养、一种境界。

用大气量结交他人

其实看似为难的事情，我们可以用最简单的方式来处理，这就是有气量。

三国时期的周瑜是东吴的大都督，年轻有为、足智多谋，屡立奇功。然而，这样一位不可多得的将才英年早逝。周瑜之死的原因之一就是气量太小。他曾经多次败在诸葛亮手下，《三国演义》里就有“诸葛亮三气周瑜”的故事。周瑜心胸狭隘、急于建功立业，一旦遇到令自己不如意之事就难以释怀。内心的煎熬再加上外伤，就危及生命了。

在与人相处中，我们会遇到形形色色的人，有人待人宽厚、仁慈；有人小肚鸡肠，自私、卑鄙。任何人都不是完美无缺的。不论与谁交往，都不可能要求对方事事都能做到让我们满意的。这也常常会让我们困惑、迷茫。如此复杂、纠结的人际关系，该如何处理呢？气量小的人往往不能容忍别人比自己优秀，也容忍不了别人和自己存在分歧。时间长了，交往的圈子就渐渐狭窄了。

其实看似为难的事情，我们可以用最简单的方式来处理，这就是有气量。以自己宽广的胸怀，接纳、包容不同的人。总的来说，就是我们在处理人际关系时，要气量宽宏，能够容人。

曾国藩在长沙读书。有一位同学性情暴躁，对人很不友善。因为曾国藩的书桌是靠近窗户的，他就说："教室里的光线都是从窗户射进来的，你的桌子放在了窗前，把光线挡住了，这让我们怎么读书？"他命令曾国藩把桌子搬开。曾国藩也不与他争辩，搬着书桌就去了角落里。

曾国藩喜欢夜读，每每到了深夜，还在用功。那位同学又看不惯了："这么晚了还不睡觉，打扰别人休息，别人第二天怎么上课啊？"曾国藩听了，不再大声朗诵，只在心里默读。一段时间之后，曾国藩中了举人，那人听了，就说："他把桌子搬到了角落，也把原本属于我的风水带去了角落，他是沾了我的光才考中举人的。"

别人听他这么一说，都为曾国藩鸣不平，觉得那个同学欺人太甚。可是曾国藩毫不在意，还安慰别人说："他就是那样子的人，就让他说吧，我们不要与他计较。"

凡是成大事者，都有广阔的胸襟。他们在与别人相处的时候，不会计较别人的短处，而是以一颗平常心看待别人的长处，从中学习别人的优点，弥补自己的短处。如果眼睛只能看到别人的短处，那么这个人的眼里就只有缺点，而看不到别人美好的一面。在生活中，每个人都可能跟别人发生矛盾。如果一味地跟别人计较，就可能浪费很多精力。与其把自己的时间浪费在一些鸡毛蒜皮的小事上，不如就放开胸怀，给别人一次改正的机会，也可以让自己有更多的精力去做更多有意义的事情。

人一生的道路漫长而坎坷，充满艰辛的同时，也会孕育着希望。不要总是抱怨自己生不逢时，总是无法结交到优秀的人。

在茫茫人海中，人与人能够相识、相知就是一种缘分。要好好珍惜自己所收获到的亲情、爱情、友情，少一点怨恨、少一点愤怒。这样，在自己前行的道路上，才会得到更多人的帮助，才会收获不同的友谊，也才能让自己生活在亲情、友情、爱情的呵护之中，体悟生活的温情。我们能以轻松自如的心态来面对纷繁复杂的人间百态，才能让摆脱不满、愤恨的情绪，生活也才会变得简单、祥和。

不论多苦，别忘了微笑

每个人的一生都注定要品尝苦涩与无奈，不论你过得有多苦，都不要忘记微笑。

月有阴晴圆缺，人生也是如此。情场失意、朋友失和、亲人反目、工作不得志……类似的事情总会不经意纠缠你，令你的情绪跌至低谷。其实，生活中的低谷就像是行走在马路上遇到红灯一样，你不妨以一种平和的心态坦然面对，放松下来，为绿灯时顺利通过做好准备。

如果一个人在不惑之年，经过一次意外事故被烧得不成人形，四年后又在一次坠机事故中致使腰部以下全部瘫痪，很难想象他的日子该怎么过。应该没有人把这样一个人与百万富翁、公共演说家、企业家联系在一起，也很难想象他还能泛舟、跳伞、竞选……活得这么高调。这个顽强不屈的人就是米歇尔。

在经历了两次可怕的意外事故后，米歇尔的脸因植皮而变成一块"彩色板"，手指没有了，双腿细小，无法行动，他只能瘫痪在轮椅上。第一次意外事故把他身上65%以上的皮肤都烧坏了，为此他动了16次手术。手术后，他无法拿起叉子，无法拨电话，也无法一个人上厕所。但曾做过海军陆战队员的米歇尔从不认为自己被打败了。他说：

“我完全可以掌控自己的人生之船，那是我的浮沉，我可以选择把目前的状况视为倒退或是一个新起点。”6个月之后，他又能开飞机了！

米歇尔为自己在科罗拉多州买了一幢维多利亚式的房子，另外还买了一架飞机和一家酒吧，后来他和两个朋友合资开了一家公司，专门生产以木材为燃料的炉子，这家公司后来成为佛蒙特州第二大私人公司。四年后，米歇尔所开的飞机在起飞时又摔回跑道，把他胸部的12块脊椎骨全压得粉碎，他永远瘫痪了。

米歇尔却仍不屈不挠，努力使自己最大限度地自主生活。后来，他被选为科罗拉多州孤峰顶镇的镇长。就任后，他全力保护小镇的环境，使之不因矿产的开采而遭受破坏。米歇尔后来还竞选国会议员，他用一句“不只是另一张小白脸”作为口号，将自己难看的脸转化成一种有利的资产。

后来，米歇尔坠入爱河并结婚了，他还拿到了公共行政硕士，并继续他的飞行活动、环保运动及公共演说。

米歇尔说：“我瘫痪之前可以做一万件事，现在我只能做9000件，我可以把注意力放在我无法再做的1000件事上，或是把目光放在我还能做的9000件事上。告诉大家，我的人生曾遭受过两次重大的挫折，而我不能把挫折当成放弃努力的借口。或许你们可以从一个新的角度，看待一些一直让你们裹足不前的经历。你们可以退一步，想开一点，然后，你们就有机会说：‘或许那也没什么大不了的！’”

笑到最后才能笑得最好，我们却往往在半途中放弃微笑。学业上，因为考研没有成功，就灰心丧气；工作中，每天面对繁重的工作任务，渐渐失去对工作的热情；生活上，想要减肥，想要健美，却一次又一次借口拖延；感情上，热恋过后是无止境的琐碎争吵，维持一份爱情好

难……

不要幻想生活总是那么顺风顺水，也不要幻想生活的大树会四季常青，每个人的一生都注定要品尝苦涩与无奈，不论你过得有多苦，也不要忘记微笑。

在漫漫旅途中，失意并不可怕，受挫也无须忧愁。艰难险阻是生活对你另一种形式的馈赠，坑坑洼洼也是对你意志的磨砺和考验。落英在晚秋凋零，来年又灿烂一片；黄叶在秋风中飘落，春天又焕发出勃勃生机。失意在所难免，权且把心放宽，付之一笑。这何尝不是乐观，洒脱，一份成熟的人生，一份练达的人情。

懂得了微笑，学会了洒脱，我们才不至于对生活求全责备，才不会在受挫之后彷徨失意。“洒脱”是一种思想上的轻装前进，“洒脱”是一种目光的朝前，“洒脱”是宽心的智慧。有“洒脱”才不会终日郁郁寡欢，有“洒脱”才不觉得生活得太累。只要心中的信念没有萎缩，即使风凄雨冷，即使大雪纷飞，也阻碍不了你前进的步伐。

正视快乐，直面痛苦

快乐与痛苦都没有对错，人生有苦和乐两面。无论是太过痛苦，还是太过快乐，都容易物极必反。

生活总是苦乐参半的，不要期待只有快乐而没有痛苦，也不要偏执地认为人生毫无快乐可言。无论人们为自己树立了多么伟大的理想，最后无非是想得到快乐。有的人追求物质的快乐，有的人追求享受自然的快乐，然而有很多人在对快乐的追求中迷失了自我，最后反而使自己痛苦。

想要真正获得自在与欣慰，须以一种愉悦的心情看待人生的苦与乐、悲与喜的方式。生活其实十分简单。保持自然的生活方式，不因外在的影响而刻意地生活，便更容易享受到生命中简单的快乐。

伪装自己是自欺欺人的行为，非但自己不开心，别人也会讨厌你的虚伪面孔。不如保持一颗质朴的心，遵循内心的声音，遵循自然的方式。

快乐与痛苦都没有对错，人生有苦和乐两面。无论是太过痛苦，还是太过快乐，都容易物极必反。所以不苦不乐的生活才是上佳的度日选择。苦时说说乐，让自己稍些宽慰；乐时说说苦，忆苦思甜。这才是生活在现代社会的人们应该选择的生存方式。可是我们周围的一些人恰恰相反，遭遇挫折的时候便钻进苦痛的牛角尖，快乐的时候兴奋地忘乎所以。

虽然不苦不乐的生活不是我们每个人都能得到的，但可以追求。人这一生，快乐与痛苦相伴而生，若一味享受快乐，必然会在安逸的陷阱中丧失警惕心；若长期沉溺于痛苦的深渊，又将在绝望的泥沼中无法自拔。正视短暂的快乐，不回避痛苦的现实，在快乐中保持清醒，在痛苦时积极应对，这才是智慧的人生。

“对于有智慧的人来说，春天不是季节，而是内心；生命不是躯体，而是心性。”智慧就是你可以豁达地对待万事万物，苦乐皆可接受，那时你就能看到别人所看不到的事物本质，达到洞悉万物的大智慧境界。

人的心性就如一杯水，淡淡的清水里不掺杂任何杂质，就能够长久地保持洁净的状态，但如果在水中放入了一些酸甜苦辣的东西，这杯水很快就会变质。人的思想也是，想法越多越复杂，就容易变质；乐于接受现实苦乐的人，自然能够坦然地面对苦乐。

别跟生活过不去

一个新的生活的起点是自己给予自己的希望，是自己带给自己的快乐，更是自己原谅过去、面对将来的挑战。

生活中充满了未知因数，谁也不知道未来的生活将发生什么样的事情。不快乐的事情不会因为我们逃避而减少，最重要的是要有一颗包容的心，无论这世界怎样变化，总能够谅解生活中的不快之事，才能够称得上是生活的智者。面对生活的误解，不去计较，才有继续前行的动力。

如果沉浸在生活带来的负面事例中，只能让自己更加难过，无法找到生活的快乐，更加找不到生活所带来的希望，只能由着自己的情感，一点一点地在抱怨中沉沦下去，从而慢慢地放弃生活。

作为一个普通人，面对生活的误解和困难，不要去抱怨，而要始终怀揣着平和的心态去面对。不抱怨，所以更能赢得生活的青睐；不报复，所以更能得到平静的生活；不放弃，所以才能赢得未来的精彩生活。

著名音乐家柴可夫斯基年轻的时候才华横溢、气宇轩昂，赢得了许多年轻姑娘的芳心。其中，一位28岁的姑娘安东尼娜对柴可夫斯基痴迷得近乎疯狂，她采取各种手段追求柴可夫斯基。

柴可夫斯基最终被姑娘的一片痴心所打动，接受了她，并与她结了婚。但两人婚后的生活并不幸福。婚后不久，安东尼娜就露出了她贪婪虚荣的真面目。她丝毫不体贴丈夫，对他的饮食起居不闻不问。她整日所关注的就是一些生活琐事，对街头趣闻津津乐道，对柴可夫斯基专注的音乐一无所知。柴可夫斯基的创作灵感受到了很大的影响，迫于无奈，他不得不悄悄离开家，躲避生活中妻子的纠缠。

许多人都劝柴可夫斯基与其离婚，但善良的作曲家却没有那样做。他用一颗宽容的心供养着安东尼娜，直到最后，令世人对他的宽容大度和善良肃然起敬。

原谅生活，才能够摆脱生活带来的负面影响，减少与生活的对立面，让人能够和生活友好地相处，重新去发现美丽的生命。一个新的生活的起点，是自己给予自己的希望，是自己带给自己的快乐，更是自己原谅过去、面对将来的挑战。每一次对生活的原谅，就是对自我的一次救赎，更是对未来美好生活的向往。

我们应当学会原谅。原谅生活有那么多阴差阳错，因为它要让你学会坚强、珍惜。我们要怀着一颗宽容的心去原谅诸多人和事，原谅不公的命运，因为它要考验我们每一个人。

学会宽容他人

学会宽容，朋友之间便会多几分理解，几分感激；学会宽容，人世间便会多几分温暖，几分关爱。

在生活中，我们应宽容、大度。古人说：“大度集群朋。”我们若能有宽宏的度量，身边便会聚集大群知心朋友。所以，小事不要太过计较，要原谅别人的过失；不如意的事来临时，要泰然处之，不为所累；受人讥讽时，不要睚眦必报，尽量多发现别人的优点，少盯着别人的缺点。

宽容别人就是善待自己。你希望别人善待自己，就要善待别人，要将心比心，多给别人一些关怀、尊重和理解。人总是喜欢和宽容厚道的人交朋友，正所谓“宽则得众”。在交往中，我们对他人的要求不能太过分，不能强求于人，能让人时且让人，能容人处且容人。一旦别人犯了错误，我们也不要嫌弃，原谅别人的过失，也是“海纳百川，有容乃大”。

俄国大文豪托尔斯泰虽然赫赫有名，又出身贵族，但他喜欢和平民百姓在一起，与他们交朋友，从不摆大作家的架子。一次，他长途旅行时路过一个小火车站。他想到车站里走走，便来到月台上。这时，一

列火车正要开动，汽笛已经拉响了。托尔斯泰正在月台上慢慢走着，忽然，一位乘客从列车车窗里冲他直喊：“老头儿！老头儿！快替我到候车室把我的皮包取来，我忘记提过来了。”原来，这位乘客见托尔斯泰衣着简朴，还沾了不少尘土，便把他当做车站的搬运工了。托尔斯泰赶忙跑进候车室拿来皮包，递给了这位乘客。“谢谢了！”那位乘客对着托尔斯泰说，并随手递给他一枚硬币，“这是赏给你的。”

托尔斯泰接过硬币，瞧了瞧，装进了口袋。就在这位乘客赏给托尔斯泰硬币的时候，旁边的一位旅客认出了“搬运工”，就大声对这位乘客叫道：“先生，您知道您赏钱给谁了吗？他就是托尔斯泰呀！”

“啊！天哪！”他惊呼起来，“我这是在干什么事呀！”他对托尔斯泰急切地解释说：“托尔斯泰先生！托尔斯泰先生！请别计较！请把硬币还给我吧，我怎么能给您小费，多不好意思！我这是干出什么事来了！”

“先生，您为什么这么激动？”托尔斯泰满面笑容地说，“您又没做什么坏事！这个硬币是我挣来的，我得收下。”汽笛再次长鸣，列车缓缓开动，带走了那位惶惑不安的乘客，留下了快乐的托尔斯泰。

在“山重水复疑无路”时，学会宽容，便可能“柳暗花明又一村”。试想一下，当你的朋友不小心把你借给他的藏书弄丢时，你是抱怨责备他，还是原谅他的过失呢？选择前者，你可能会失去一个好朋友，而选择后者，你一定会收获到他的尊重与敬佩之意，得到一份更诚挚的友谊。这就是宽容的力量。

学会宽容，朋友之间便会多几分理解，几分感激；学会宽容，人世间便会多几分温暖，几分关爱。

因为宽容，许多烦恼琐事会自动烟消云散。世界上没有两片相同的树叶，也没有两个完全相同的人。俗话说，“尺有所短，寸有所长”，人的性格、特长各有差异，在处理人际关系中不能强求一致。人与人要和谐相处，就需要有宽广的胸怀，求同存异、相互谅解。既然我们自身都不完美，那就更没有必要苛求他人完美。

退一步，空间无限

退一步才能海阔天空，你如果从桥上退回地面，让对方先行，给别人便利，反而是让自己到达幸福的彼岸的最快方式。

世间的纷争，大部分都是是非利害之争，忍一忍风平浪静，让一让海阔天空。《菜根谭》中说：“石火光中，争长兢短，几何光阴？蜗牛角上，较雌论雄，许大世界？”意思是，在电光石火般短暂的人生中较量长短，也争不到多少光阴。能够改过自新的人，就应该对其既往不咎，宽容对待他人的过失，既能使自己不再受伤害，也给了别人改过自新的机会，何乐而不为呢？

有这样一个故事：

蜗牛角上有两个国家，左角上的叫触氏，右角上的叫蛮氏，这两个国家虽然小，但经常因为争夺地盘而打仗。有一次，触氏和蛮氏又发生了战争，触氏打了胜仗。蛮氏败走逃跑了，触氏就发兵去追，追了几十天，才得胜回来。

这个故事意在说明，很多的争斗就像蜗牛角上两个国家发生厮杀一样：从自己的小角度看来，厮杀似乎惊天动地；从世界的大角度看来，其实争夺的利益往往小得可笑。因此，后世便有了“蜗角虚名”“蝇头小利”的成语。

我们常常认为战场上敌对的双方是“不共戴天”“你死我活”的关系。其实在讲求礼仪的人心目中，“谦让”也不是完全没有可能的，而且当双方处于对垒关系时，一方表现出适度谦让，往往会收到意想不到的效果。古代很多军事家都擅长谦让，其中以三国时期的羊祜最为著名。

羊祜是三国时期魏国的军事家。三国晚期，司马氏掌握了魏国的大权，派羊祜到荆州驻军，与东吴对持。羊祜在荆州驻防的时候，并不发兵骚扰吴国地界。即使是打仗，也事先约好交战日期，不搞突然袭击。有的将领提出偷袭，羊祜就请他们喝酒，大家喝得醉醺醺的，就把偷袭的事情忘得一干二净了。

有一次，羊祜的部下在边境上抓了两个孩子，经过审问，原来是吴国两个将领的儿子。羊祜立即命人把孩子送回去，过了几天，这两个将领都带兵来归降了。羊祜活捉了吴国的将领，也以礼送还，交战中阵亡的将领，就把他们厚葬。时间一久，吴国的军队都知道羊祜的大名。

羊祜对待敌人谦让有礼，对吴国的百姓更是秋毫无犯。羊祜在吴国地界行军，收割了田里稻谷以充军粮，就根据收割的数量付钱偿还。打猎的时候，羊祜约束部下，不许越过边境线。如有禽兽先被吴国人所伤而后被自己人擒获，羊祜就下令送还对方。羊祜这些做法，使吴人心悦诚服。吴人不叫他的名字，而是尊称他为“羊公”。

羊祜的这些做法，就是在以谦和的态度对待敌人，不仅没有让敌人痛恨自己，反而让敌人尊敬。

不斤斤计较是一种“大度”，是一种“豁达”；不过多与人计较的人能够容纳万物。心胸狭隘，一事不顺便心存憎恨，一句话不顺就耿耿于怀，心灵上栽满荆棘，思想上遮满云雾，整日抑郁，常年忧虑，就无异于自戕自害。

懂得宽容的人，堪称是有智慧的人。这类人总是使一些猜忌和误会消失于无形，由此避免许多无谓的冲突和不良的后果。能使自己心性平静、神采安逸。这类人目光远大，心胸开阔，善明事理，勇于开拓，追求的是豁达开阔的人生。

人间世情反复不定。昨天的高山可能今天就是河流，昨天的河流可能成为今天的高山。我们行走在曲折艰难的人生路上，不免和别人在独木桥上狭路相逢，不要只想着“狭路相逢勇者胜”，争一时之勇。退一步才能海阔天空，你如果从桥上退回地面，让对方先行，给别人便利，反而是让自己到达幸福彼岸的最快方式。

把对手变成朋友

人在处世之道上离不开赞扬，欣赏对手，我们将会得到意想不到的收获，不仅可能使“敌人”变成朋友，而且还有利于取得对手的信任和帮助。

对于做人做事，一位成功者说：“为人处世，要坦诚宽容；不要耿耿于怀，小肚鸡肠。当然，尤其是对你的对手。”我们在这里要说的是，与人共事，要善于运用“欣赏对手”的原则。因为这个世界本来就没有所谓真正的敌人，有的只是竞争对手。人之所以生机勃勃，斗志昂扬，是由于有竞争对手存在。

竞争对手不是永恒不变的，今天是竞争对手，或许明天就是你的合作伙伴。“攻城为下，攻心为上”，在与对手的竞争中，能征服对方的心，才是最彻底、最高尚、最伟大的胜利。善于欣赏对手的优点，就是取得这种胜利的必要条件之一。

有两个选手在世界职业拳击争霸赛上对决。年长的叫卢卡，30岁；年轻的叫拉瓦，25岁。上半场两人打了六个回合，实力相当，难分胜负。在第七个回合，拉瓦接连击中老将卢卡的头部，打得他鼻青脸肿。短暂的休息时，拉瓦真诚地向卢卡致歉。他先用自己的毛巾一点点擦去

卢卡脸上的血迹，然后把矿泉水洒在他的头上。拉瓦始终是一脸歉意，仿佛这一切都是自己的罪过。

接下来两人继续交手。也许是年纪大了，也许是体力不支，卢卡一次又一次地被拉瓦击倒在地。按规则，选手被打倒后，裁判就会对其从1到10数秒，如果10秒之后仍然起不来，就算输了。每次都不等裁判将“10”叫出口，拉瓦就上前把卢卡拉起来。这样的举动在拳击场上极为少见。

最终，卢卡负于拉瓦，观众潮水般涌向拉瓦，向他献花、致敬、赠送礼物。拉瓦拨开人群，径直走向被冷落在一旁的老将卢卡，将最大的一束鲜花送进他的怀抱。两人紧紧地拥在一起，相互亲吻对方被击伤的部位，俨然是一对亲兄弟。卢卡真诚地向拉瓦祝贺，他握住拉瓦的左手高高举过两人的头顶，向全场的观众致敬。

在人生中，什么人都可能有所接触，而对手也有可能和你坦诚相处，真心地交流。若你能放下那种狭隘的观念，不妨用一种欣赏的目光去看待对手，你就会发现，对方其实并非想象中的那样处处与你作对，而是有许多东西值得去学习和借鉴。排斥容易造成对手于事无补，甚至容易两败俱伤。相反，只有欣赏对手才更能征服人心。彼此用真心交流，就会开出友谊之花。使对手变成你的朋友，以对手为动力，不是更有利于你成功吗?

对于失败的对手，你更要与他握手，鼓励他，同时应该赞美他某一方面所具有的优势，并告诉他，自己赢得并不轻松。你感到心情非常愉快，并不是因为胜利而愉快，而是又从对手的身上学到了新的东西。对于对手，你切不可嘲笑、贬低，更不要诅咒他。因为所有的敌人都可能是你的对手，但对手不一定是你的敌人，他们有可能是你前进的动力、朋友，乃至知音。

在1987年的一场NBA比赛中，当时的公牛队新秀皮蓬独得33分，超过乔丹3分，这是乔丹在场情况下，公牛队中首次有人得分超过乔丹。比赛结束后，乔丹与皮蓬紧紧拥抱，两人泪光闪闪。

由于皮蓬是公牛队中最有希望比肩乔丹的新秀，他自己也时常流露出对乔丹不屑一顾的神情，还经常说乔丹在某方面不如自己，自己一定会推翻乔丹在公牛队的主力位置。但乔丹并没有把皮蓬当做潜在的威胁而加以排挤，而是以欣赏的态度处处对皮蓬加以鼓励。

有一次，乔丹问皮蓬：“咱们俩的三分球谁投得好？”皮蓬心不在焉地回答：“你明知故问什么，当然是你。”因为那时乔丹的三分球命中率是28.6%，而皮蓬是26.4%。但乔丹微笑着纠正：“不，是你！你投三分球的动作规范、自然，很有天赋，以后一定会投得更好，而我投三分球还有很多弱点。”

乔丹还对他说：“我扣篮多用右手，习惯用左手帮一下，而你左右手都行。”这一细节连皮蓬自己都没有意识到，他深深地被乔丹的襟怀坦荡所感动了。

从那以后，皮蓬不再把乔丹当成对手，两人彼此欣赏，成了最好的朋友，共同为公牛队称霸NBA立下了汗马功劳。

我们要换一种眼光，不把竞争对手当做“敌人”对待，而看到他的优势，并且用来弥补自己的短处。应当真诚地去接受他，欣赏他，放下“敌视”的心态，对于在竞争中胜过自己的对手，我们要与他握手，祝贺他、赞美他、钦佩他，如果还能说出他在竞争中表现出的过人之处，那就更好了。

欣赏对手是我们学会做人的一门重要课程，它有助于提高我们的人格魅力，也可以净化我们的心灵，洗涤我们的灵魂；欣赏对手能表现出我们宽宏大量的胸怀与高风亮节的风度；更能展示我们谦虚谨慎的作风。如果我们用仇恨的目光看待对手，生活将是多么劳累。不如用真诚的心灵去欣赏对手，去学习他的可贵之处。

人在处世之道上离不开赞扬，欣赏对手，我们将会得到意想不到的收获，不仅可能使“敌人”变成朋友，而且还有利于取得对手的信任和帮助。在走向成功的道路上，我们正需要这样的人。

第七章

笑看得失。沉浮都是乐趣

放得下才能拿得起

放弃，是一种智慧，是一种“豁达”。它不盲目、不狭隘；放弃，对心境是一种“放松”，对心灵是一种“滋润”。它驱散乌云，清扫心房。

世间有很多事情难以预料。亲人离去，生意失败，感情破裂……都会让很多人痛不欲生。有时候，当你正春风得意的时候，却会突然发生一些令人大失所望的事情；当你正想着要好好努力挣钱的时候，突然之间的意外之财从天而降，让你不知所措。面对大悲和大喜，人们往往很难从容地面对，所以各种烦恼接踵而至。

事事都不能放下，眼中的生活是灰色的，无时无刻不在烦恼着、不在担忧着。反之，对烦恼能放得下的人，眼中的生活是彩色的，失去对他们来说是微不足道的，凡事不会时时刻刻抓在手中。后者拿得起，放得下，所以轻松；前者拿得起，放不下，所以沉重。

多年前，马来西亚有一家钢铁厂经营不景气，亏损高达15亿元。厂长找到华裔企业家谢英福，请他担任公司总裁，他不假思索地答应了。在别人看来，这是一个错误的决定，因为钢铁厂债重难还，而生产设备又落后，员工精神涣散，这是一个巨大的洞，根本无法填平的洞。

面对种种议论，谢英福却坦然地对媒体说：“当年我来到马来西亚时，口袋里只有5元钱。如果我失败了，那就等于损失了5元钱。”

年近六旬的谢英福从别墅里搬出来，住进了那家破败的钢铁厂。三年后，工厂起死回生，开始大量赢利。

得失只在五元钱！这是一种勇气，一种“超脱”。

仔细想想，得与失真的没有那么重要。我们应该有这样一种态度：得到不要太过欣喜，失去也不要太过悲伤。保持一种平和的心态就行，如果一定要把失去的事物看得很严重，就会活得很痛苦。能够做到心无旁骛，你活的也不会那么累了。丢掉过于沉重的包袱，丢掉曾经的过往，不害怕失去，便能获得一份宁静的心灵。拿得起，放得下，这才是智者所为。

人的一生很短暂，放弃其实是为了得到，只要能得到你想得到的，放弃一些对你而言并不重要的东西，其实不难。贪心会给自己带来压力、痛苦、焦虑和不安。什么都不愿放弃的人，结果什么也得不到。

我们总以为放弃之后，我们会失去更多，而事实不是这样。放弃并不等于失去，放弃了某个东西，或许我们收获的不仅仅是另一个东西，还有另一种心境——轻松的精神层面。

人该有对新生活的憧憬，有勇敢地放弃痛苦生活的“洒脱”。在放弃之后，你可能会发现一身轻松，太阳是全新的，外面的世界是全新的，那些旧的阴霾都已经消散，迎接你的是美好的明天。

放弃，是一种智慧，是一种“豁达”，它不盲目，不狭隘；放弃，对心境是一种“宽松”，对心灵是一种“滋润”。它驱散乌云，清扫心房。有了它，会迎来坦然的心境；有了它，生活会阳光灿烂。

把“不如意”当做一杯苦尽甘来的茶

人之所以不快乐，就是因为缺乏将事物还原真实面目的能力，缺少一颗平常心。

生活中每个人都会遇到各种各样的不如意。把这些不如意看淡了，烦恼就不会存在。过于追求完美只会让自己的心理受累。

有一年，一个屡屡失意的年轻人千里迢迢来到普济寺，找到高僧释圆，沮丧地对他说：“人生总不如意，活着也是苟且，有什么意思呢？”

释圆静静听完年轻人的话后，吩咐身边小和尚说：“施主远道而来，烧一壶温水送过来。”不一会儿，小和尚送来了一壶温水。释圆抓了茶叶放进杯子，然后用温水沏了，放在茶几上，微笑着请年轻人喝茶。杯子冒出微微的水汽，茶叶静静浮着。年轻人不解地询问：“您怎么用温水沏茶？”释圆笑而不语。年轻人喝一口细品，不由摇摇头：“一点茶香都没有呢。”释圆说：“这可是名茶铁观音啊。”年轻人又端起杯子品尝，然后肯定地说：“真的没有一丝茶香。”

释圆又吩咐小和尚：“再去烧一壶沸水送过来。”又过了一会儿，小和尚提着一壶冒着浓浓白汽的沸水进来。释圆起身，又取过一个杯子，放茶叶，倒沸水，再放在茶几上。年轻人俯首看去，茶叶在杯子里上下沉浮，丝丝清香不绝，望而生津。

年轻人欲去端杯，释圆拦住，提起水壶继续注入沸水。茶叶翻腾得更厉害了，一缕更醇厚、更醉人的茶香袅袅升腾，在禅房里弥漫开来。释圆这样注了五次水，杯子终于满了，那绿绿的一杯茶水，端在手上清香扑鼻。

释圆笑着问："施主可知道，同是铁观音，为什么茶味迥异吗？"年轻人思忖着说："一杯用温水，一杯用沸水，冲沏的水不同。"

释圆点头："用水不同，茶叶的沉浮就不一样。温水沏茶，茶叶轻浮水上，怎会散发清香？沸水沏茶，反复几次，茶叶沉沉浮浮，才能释放出四季的风韵：既有春的幽静、夏的炽热，又有秋的丰盈、冬的清冽。世间芸芸众生，也和沏茶是同一个道理。也就是说，沏茶的水温度不够，想要沏出散发诱人香味的茶水不可能；你自己的能力不足，要想处处得力、事事顺心自然很难。要想摆脱失意，最有效的方法就是苦练内功，提高自己的能力。"

年轻人茅塞顿开，回去后刻苦学习，虚心向人求教，后来果然大有作为。

要接受温润的春和赤烈的夏，就必须同时做好接受清冷的秋和寒冽的冬的准备。就像一壶好茶，只有坦然面对沉浮，才能散发出芳香。

我们有很多人往往做不到看淡得失。对孩子没有考第一名而苦恼，想起那个没有自己出色却比自己升职快的同事就愤愤不平，想起来自己逐渐发福的身材就觉得担心，觉得自己的另一半越来越不关注自己……

敏感的人常常不快乐，皆因为过于看重生活之得失。"得到"与"失去"皆是生活的本来面目，就像山是山，水是水，要是想让山变成

水，让水变成山，这在正常条件下是不可能的事。

在喧嚣的城市中，你坐在窗前静静地品一杯茶，在音乐的世界里徜徉，没有什么打扰你，很泰然，很宁静。“不以物喜，不以己悲”的境界谁都可以有，而我们总是忽略了这么多本可以享受到的安宁之心。

抛开患得患失的心态

有时候，“失去”是另一种“获得”。在生活中，一扇门如果关上了，必定有另一扇门打开。失去了一种东西，必然会在其他地方收获另一种东西。

美国著名的高空走钢索表演者瓦伦达在一次重要的表演中不幸失足身亡。他的妻子在事后说：“我知道这一次一定会出事，因为他上场前一直不停地说：‘这次太重要了，不能失败，绝不能失败’。以前每次表演，他只想着走钢索这件事本身，而不去管这件事可能带来的后果。”后来，人们就把专心致志于事情本身，而不去管这件事的意义，没有患得患失的心态叫做“瓦伦达心态”。

遇事迅速行动起来，就容易具备“瓦伦达心态”。因为，一旦迅速进入行动状态后，就来不及多想。逼上梁山，背水一战，绝无退路，这样反而更容易成功。

美国斯坦福大学的一项研究表明，人大脑中浮现的某一图像会像实际情况一样刺激人的神经系统。比如，当一个高尔夫球手击球时，一再告诉自己不要把球打进水里，他的大脑里往往就会出现球掉进水里的情景，而结果往往是球真的掉进水里。这项研究从另一个方面证实了“瓦伦达心态”。

古代有一位神射手名叫后羿。他练就了一身百步穿杨的好本领，立射、跪射、骑射样样精通，而且箭箭都射中靶心，几乎从来没有失过手。人们争相传颂他高超的箭法，对他非常敬佩。

夏王也听说了这位神射手的本领，也目睹了后羿的表演，十分欣赏他的箭法。有一天，夏王想把后羿召入宫中来，单独给自己表演一番。

于是，夏王命人把后羿召来，带他到御花园里找了个开阔地带，命人拿来了一块一尺见方，靶心直径大约一寸的兽皮箭靶，安放在百步之外用手指着说："今天请先生来，是想请你展示一下你精湛的箭法，这个箭靶就是你的目标。为了使这次表演不至于因为没有彩头而沉闷乏味，我来给你定个赏罚规则：如果射中了的话，我就赏赐给你黄金万两；如果射不中，那就要削减你一千户的封地。现在请先生开始吧。"

后羿听了夏王的话，一言不发，面色变得凝重起来。他慢慢走到离箭靶一百步的地方，脚步显得相当沉重。然后，后羿取出一支箭搭上弓弦，摆好姿势拉弓瞄准。

想到自己这一箭出去可能产生的结果，一向镇定的后羿呼吸变得急促起来，拉弓的手也微微发抖，瞄了几次都没有把箭射出去。后羿终于下定决心松开了弦，箭应声而出，"啪"的一声钉在离靶心足有几寸远的地方。后羿脸色一下子白了，他再次弯弓搭箭，精神却更加不集中了，射出的箭也偏得更加离谱。

后羿收拾弓箭，勉强赔笑向夏王告辞，悻悻地离开了王宫。夏王在失望的同时，掩饰不住心头的疑惑，就问手下道："这个神箭手后羿平时射起箭来百发百中，为什么今天给他定下了赏罚规则，他就大失水准了呢？"

手下解释说："后羿平日射箭，不过是一般练习，在一颗平常心之下，水平自然可以正常发挥。可是今天他射出的成绩直接关系到他的切身利益，叫他怎能静下心来充分施展箭术呢。”

患得患失就是一味地担心，并斤斤计较个人得失的心态。患得患失是我们的精神枷锁，是笼罩在人身上的阴影，是浮躁心态的一种重要表现形式。而它只会使一个人把精力分散在许多事情上，最终浪费在无用的胡思乱想上。

可是，生活中往往就有这样一些人，做什么事情之前都要反复考虑，做完之后又放心不下，对各方面都考虑得尽量周到，如有不妥，就很担心把事情办砸，影响别人对自己的看法，并且极其注重个人的得失。他们笼罩在患得患失的阴影之中，被得失搅扰得没有一丝安宁。其实，与其因患得患失，最后痛尝失败的恶果，不如从开始就放手一搏，这样反倒会有成功的机会。

有时候，“失去”是另一种“获得”。一扇门如果关上了，必定有另一扇门打开。失去了一种东西，必然会在其他地方收获另一种东西。关键是要有乐观的心态，相信有失必有得。

坏事也可变好事

世界上没有绝对的事情，任何事情都是变化无常的，有的时候好的事情可能会变坏，坏的事情也可能会出现好的转机。

人生中的“得到”与“失去”，相辅相成。在现在的社会里，人们应该鼓励用自己的双手，去提升人生的价值和内涵，使人生物质世界和精神世界都更加富有和充实。面对失意的时候，应该对自己加以鼓励。

老子曾说过：“祸兮福之所倚，福兮祸之所伏。”坏事可以发展成为好的结果，好事也可以招致恶果。当事业遇到瓶颈的时候，千万不要灰心丧气，要接受现实并想办法进行突破，因为这刚好就是你百尺竿头更进一步的大好机会；当遭遇重大失败的时候千万不要情绪低迷，这是一件好事情，因为经验教训是一笔宝贵的财富，你会避免今后再犯此类错误；当与他人关系不好的时候，也不是什么坏事情，因为这说明你该反省自己了，人只有不断反省才能不断成长。

我国唐代大诗人杜甫也曾说：“文章天下事，得失寸心知。”这句话的意思是说，文章是天下的大事，成败得失只有自己知道。对我们来说，成败得失与烦恼快乐随时都会伴随着我们。无论是在得意的时候，还是在失意的时候，我们都应当以乐观的心态来面对。

我们快乐的主动权，命运的掌控权，完全掌握在自己手中。不要把

“得失”看得过重，也不要总是把“不快乐”挂在心上。

从前，有一个国家的宰相总是觉得“一切都是最好的安排”，这让国王觉得又好气、又好笑。有一天，国王准备外出，突然下起了大雨，这让国王非常扫兴。但是宰相说：“这是一件好事情，大雨过后的街道一定会被冲刷得很干净，国王您就可以享受清新的空气了。”

国王没说什么。又一次，国王准备外出巡视时遇到了酷热的天气，令他十分郁闷。这时宰相又对国王说：“这是一件好事情，在这么炎热的天气下出巡才能了解百姓的疾苦。”国王忍着一股无名火没有发作。

后来，国王在检查猎器时，不小心被猎器斩断了一根手指。宰相居然也认为这是上天最好的安排，是一件好事情。国王听后终于忍无可忍，立即下令把他打入大牢，并以一种幸灾乐祸的嘲讽口吻问宰相：“你认为这是一件好事情吗？你认为这也是最好的安排吗？”没想到宰相居然说“是”，国王更加生气地告诉他：“好，既然你认为好，那你就继续在牢里待着吧！”

过了两天，国王去打猎，不小心误入森林深处，被食人族捉住了。当晚，食人族准备了柴火，支起了大锅，准备烹死国王。但是，当食人族清洗国王身体的时候，却发现国王少了根手指头，这在食人族内是大忌，因为他们认为不完整的动物是不祥之物。于是他们用特别的仪式把国王送出离他们很远的森林之外。劫后余生的国王回国后做的第一件事情就是去牢里拜见宰相，并激动地说：“断了指头果真是一件好事情。”

过了一会，国王突然想起了什么，他问宰相：“难道我把你关在牢里这么多天也是好事情吗？”宰相说：“当然是好事情了，陛下您想，如果我不在牢里，而是像以往那样陪同您去打猎的话，我们都会

被食人族捉住。您会因为那个断指而保全性命，但我必死无疑，因为我很完整啊！”

的确，是得是失，关键是看人们如何衡量并把握自己的内心。如果能够淡看得失，不过于挂怀，那么，我们就会发现，人生中还是有很多真善美的。

我们不可避免地要经历很多不如意的事情，很多事情也并不是我们自己可以自由选择的。所以，坦然接受所有发生的事情，多点乐观精神，多把事情往好处想，不要让失意的事情影响我们的情绪，这样我们会更容易得到“快乐”，也更容易跨越所有阻碍与困难。

人生是一个对立统一体。人生如车，其载重量有限，超负荷运行会加速人生走向其反面。虽然人们的欲望无限，但我们只要学会辩证地看待人生，看待得失，卸下人生中过重的负担，何愁不会轻松和惬意。

得意时淡定，失意时理智

一个人如果能耐得住寂寞与平淡，才是真正的修养到家，得意不忘形，失意更不忘形。

我们有些人无论做什么都喜欢追求尽善尽美，然而“尽善尽美”未必是幸福生活的终点站，有时反而会成为快乐的终结者。“得”与“失”的界限，无法准确地划定，当我们因为有所缺失而执著地追求完美时，也许会适得其反，在强烈的得失心的笼罩下，失去头上那一片晴朗的天空。

得时未必幸福，失时也不一定痛苦。得时要淡定，要克制；失时要坚强，要理智。

一只风筝在微风中飘然升起，越过了屋顶，飘过了树梢。这时，站在树上的花喜鹊夸赞它说：“风筝大哥，你飞得真漂亮！”

“不。”风筝谦虚地说，“要不是有风，要不是有线牵着我，我是飞不好的！”

风越来越大了，线越放越长了，风筝也越飞越高了。等它飞过山顶的时候，心里就有些飘飘然了：“啊！当我躺在屋里桌子上的时候，怎么也想不到，我原来也是一个飞翔的天才！”

风筝随着风在不停地上升、上升，一直飞到了白云之上。当它俯视

地面的时候，地上的房屋、树木、河流，甚至大山都显得那么渺小，就连平时高飞的雄鹰，现在也盘旋在它的脚下。它心里有一种说不出的滋味，仿佛自己的身体也在膨胀，变得高大起来。

"喂！"它毫不客气地对在它脚下盘旋的雄鹰说，"抬起头来看看我！过去人们总是赞扬你飞得高，现在怎么样？我比你飞得还要高！"

雄鹰抬头看看它，并没有与它争辩，只是意味深长地瞅了瞅它身下那根长长的线，微微一笑。

这样一来，风筝更沉不住气了，涨红了脸说："你这是什么意思？好像我离了线就不能飞似的！其实，我还可以飞得更高些，都怪这根可恶的线！"

为了显示自己的能力，风筝拼命挣扎，只听得"啪"的一声，拴在它身上的线断了。风筝很得意，心里想：这下可好了！我可以自由飞翔了，想飞多高就飞多高！果然，在断线的瞬间，它迅猛地向上冲了好大一截。随后，它很快便失去了重心，在风中身不由己地向下翻滚，最后一头栽进了臭水沟。

风筝离开了线便会跌下来，人过于忘形而脱离底线，就容易遭遇挫折。可见"得意忘形"害人不浅。

对于"得意忘形"，人们往往很容易理解，然而世间还存在一种情况——"失意忘形"。就是说有的人本来事事顺心，然而一旦失意，就耻于见人，自卑、烦恼接踵而至。

"清末怪杰"辜鸿铭先生说，一个人如果能耐得住寂寞与平淡，才是真正的修养到家，得意不忘形，失意更不忘形。若是做到自处超然，失意泰然，人生的世界也就大了。所以得意忘形与失意忘形，同样都是缺乏修养的表现。换句话说，是心被困住了。心不被困住，人才能解脱，一切事情，过去不留，才是淡定和理智的表现。

收敛虚荣心，少炫耀

快乐和幸福不能靠外来的物质和虚荣心，而要靠自己高贵和正直的内心。

有些人总认为自己比别人技高一筹，事事比人强。他们总喜欢把“得意”挂在嘴上，逢人便夸耀自己如何如何能干，如何如何富有，完全不顾别人的感受，甚至没有考虑当时的听者是不是正处于人生低迷期。他们夸夸其谈后，以为就能够得到别人的敬佩与欣赏，而事实上，别人并不愿意听得意之事，自我炫耀的效果往往是适得其反。

法国著名作家罗曼·罗兰说：“快乐和幸福不能靠外来的物质和虚荣心，而要靠自己高贵和正直的内心。”真正快乐和幸福的人懂得珍藏自己的幸福，而不是拿来到处炫耀。

王昭的母亲是一个喜欢夸口的人，不论谁到她家去，椅子还没有坐热，她就把自己家值得炫耀的事情一件一件地告诉人家，说话时的表情还是一副十分得意的样子。王昭一个同学的父亲下岗了，经济上有点紧张，他母亲知道了，非但不安慰人家，反而对这位同学的父亲说：“我家孩子的父亲每月工资好几千元，我们家吃喝不愁。”她侄女给她买了一件漂亮的衣服，价格不菲，她就跑到人家那里去炫耀：“这是我侄女

在上海给我买的衣服，猜一猜多少钱？1800元。”说完，脸上露出得意的表情，意思是：怎么样，买不起吧。

就因为她逢人就爱炫耀的毛病，现在到她家里去的客人越来越少，因为没有人愿意听她长篇大论，充当她炫耀自己的陪衬。

在他人面前一定要多一点谦虚，少一点炫耀，尤其不能在失意者面前炫耀自己的“得意”，因为你的“得意”往往会衬托出别人的“失意”，甚至会让对方认为，你炫耀自己的得意之事，便是嘲笑他无能，让对方产生一种被比下去的感觉，进而更加恼火，甚至讨厌你。

无论是得意之时，还是失意之时，都要低调一点，低调做人不仅是保护自己的姿态，更是一种懂得包容的雅量。得意时的低调，是一种谦逊也是一种体谅。因为当自己得意之时，身边肯定会有不如你的人，即使你没有炫耀的意思，但别人可能产生一种自卑和嫉恨心理。

一次，李仁约了几个朋友来家里吃饭，这些朋友彼此都是熟识的。李仁把他们聚拢来，主要是想借着热闹的气氛，让一位目前正处于人生低潮中的朋友心情好一些。

这位朋友不久前因经营不善，名下的一家公司倒闭了，妻子也因为不堪生活的压力，正与他谈离婚的事。面对内外交迫，他实在痛苦极了。

来吃饭的朋友都知道这位朋友目前的处境，大家都回避谈与事业有关的事。可是其中一位叫“老吴”的朋友前些天炒股赚了很多钱，几杯酒一下肚，忍不住就开始谈他的赚钱本领。那种得意的神情，连李仁看了都有些不舒服。那位失意的朋友低头不语，脸色非常难看，一会儿去上厕所，一会儿去洗脸，后来提早离开了。李仁送他出去，在巷口，他愤愤地说：“老吴再会赚钱，也不必在我面前说得那么神气。”

李仁明白他的心情，因为在多年前他自己也遇到过低潮，而当时正风光的亲戚在他面前炫耀丰厚的薪水和年终奖金。那种感受，就如同把针一支支插在心上，说不出的苦楚。

在朋友面前，千万不要炫耀自己的“得意”，没人愿意听这样的消息。如果你只顾炫耀自己的得意事，对方就会疏远你，于是你不知不觉中就失去了一个朋友。

诚然，人在得意之时难免有张扬的欲望，如果一定要谈论你的“得意”，要注意场合和对象。你可以在演说的公开场合谈，对你的员工谈，享受他们投给你的钦羡目光，也可以对你的家人谈，让他们以你为荣，但就是不要对失意的人谈。因为失意的人最脆弱，也最敏感，你谈论的话语在对方听来都充满了讽刺与嘲讽的味道，让失意的人感受到你“看不起”他。当然，有些人不在乎，你说你的，他听他的，但这么看得开的人不太多。因此，你所谈论的“得意”，对大部分失意的人是一种心理伤害。

一般来说，失意的人较缺乏攻击性，郁郁寡欢是最普遍的心态，但失意的人听你得意洋洋地吹嘘后，普遍会有一种心理——怀恨。这是一种转移到心底深处对你的不满情绪，你说得唾沫横飞，不知不觉已在失意者心中埋下一颗炸弹，为自己树立了敌人。

失意者对你的怀恨情绪不会立即显现出来，因为他暂时无力显现，但他会通过各种方式来泄恨，例如说你坏话、扯你后腿、故意与你为敌。最常见的则是疏远你，避免和你碰面，于是你不知不觉就失去了一

个朋友。

随意自夸，是不通人情世故者的通病，为此常会败事。收敛起虚荣心，表现得谦虚一些，才可能真正被人接纳，找到成事的“切入点”。

功成后华丽转身

做人的最高境界莫过于功成名就时“为而弗恃，功成而弗居”。

俗话说：“人过留名，雁过留声”，谁都希望赢得生前身后名。但时间像大浪淘沙，能把所有的人与事都带走，能千古留名，建功立业的人毕竟是少数。

汉代的疏广是一个非常聪明的人.他淡泊明志，不为功名利禄所迷惑。疏广少年时读书非常用功，长大后做了大官，很得皇帝的赏识。后来他告老还乡，皇帝赏赐他许多钱财。

回归乡里后，疏广天天花钱摆设酒食，邀请族人和老朋友一起饮酒作乐，大家都非常开心。后来，有人劝他为子孙后代留一点产业，不要把钱都化光了。

疏广笑着说：“我难道是老糊涂了，不顾念子孙吗？只不过家里还有旧田老宅。让子孙们勤劳耕作，应该能够供其衣食。如果给他们多余的钱财，只能叫他们学会懒惰罢了！贤能的人若有钱财，就会削弱他的志向；如果愚蠢的人也这样，就更加助长他们的过错。我虽没有办法来教化子孙，但不想助长他们的过错。更何况这些金钱，是皇上恩赐我用来养老的，所以我用来与乡亲们共享皇上的恩赐，来度过我的余生。难

道这样不对吗！”

疏广的一席话说得那些前来劝说他的人哑口无言。

其实，在高功厚名之后，华丽的转身意味着更高、更有意义的人生新起点。比尔·盖茨当然是最好的例子，一篇报道详细介绍了当时的世界首富功成身退的故事。

1975年，一个名为比尔·盖茨的年轻人与他的伙伴创立了微软公司。30多年里，盖茨驾驭着这个软件公司，用技术一步步地扩充着“帝国版图”，改变和影响着整个全球。盖茨终于做出了“归隐山林”的决定——他将逐步退出公司的日常管理工作，转而全身心投入慈善事业。这对微软意味着一个时代即将结束，但对世界却意味着多了一个身家数百亿美元的全职慈善家。

2006年6月15日，微软公司创始人兼董事长比尔·盖茨宣布，他将逐步移交其日常工作，以便将更多时间投入“比尔与梅琳达·盖茨基金会”所从事的慈善事业。为确保交接工作平稳有序地过渡，盖茨表示此次的过渡期为两年，2008年7月之后，盖茨将放弃全部日常管理工作，只保留董事长一职。

盖茨当天发表声明说，淡出微软日常事务，对他来说是一个艰难的决定，但他对慈善事业有着同样的热情，并且认为这也是一份十分重要和具有挑战力的事业。

盖茨说过，他的全部财富将用于捐赠，而不是留给自己的三个孩子。“我只是这笔财富的看管者，我应找到最好的方式来使用它。”像比尔·盖茨一样，我们应当清楚自己该处的位置，做自己该做的事情，不奢望自己位置以外的东西。

做人的最高境界，莫过于功成名就时“为而弗恃，功成而弗居”。及时转身，去做自己更想做的事，会让自己的人生更加完整，生命更加丰富多彩。

事业沉浮，宠辱不惊

落在别人身上，那么我就不应该有，与我无关；落在我身上，那么别人就不应该有，与别人无关。

古今中外，无论是仕途、商场，抑或情场，都仿佛是人生的剧场，将“得意”与“失意”“荣宠”与“羞辱”演绎得百感交集。诸葛亮有一句名言：“势利之交，难以经远。士之相知，温不增华，寒不改弃，贯四时而不衰，历坦险而益固”，意在鞭策后人看淡荣辱，遵循道义。

看淡荣辱自然并非“躲进小楼成一统”，而是显示了放大眼光，不与他人一般见识的博大胸怀，这与范仲淹的“不以物喜、不以己悲”有异曲同工之妙。

春秋时，楚国的孙叔敖原本是位隐士，被人推荐给楚庄王，三个月后便做了令尹（宰相）。他善于教化引导人民，因而使楚国上下和睦，国家安宁。

有位孤丘老人，很关心孙叔敖，特意登门拜访，问他：“高贵的人往往有三怨，你知道吗？”

孙叔敖回问：“您说的三怨是指什么呢？”

孤丘老人说：“爵位高的人，别人嫉妒他；官职高的人，君王讨厌他；俸禄优厚的人，会招来怨恨。

孙叔敖笑着说：“我的爵位越高，我的心胸越谦卑；我的官职越大，我的欲望越小；我的俸禄越优厚，我对别人的施舍就越慷慨。我用这样的办法来避免三怨，可以吗？”

孤丘老人很满意，笑着离去。

孙叔敖严格按照自己所说的避怨方法行事，避免了不少麻烦。但他的仕途并非是一帆风顺，曾几次被免职，又几次复职。有个叫肩吾的隐士对此很不理解，就登门拜访孙叔敖，问他：“你三次担任令尹，也没有表现得十分荣耀；你三次离开令尹之位，也没有露出忧伤之色。我对此感到疑惑，现在看你的心态又是如此平和，你的心里到底是怎样想的呢？”

孙叔敖回答说：“我哪里有什么过人的地方啊，我认为官职爵禄的到来是不可推却的，离开是不可阻止的。‘得到’和‘失去’都不取决于我自己，因此才没有觉得荣耀或忧愁。况且我也不知道官职爵禄应该落在别人身上呢，还是应该落在我的身上。落在别人身上，那么我就不应该有，与我无关；落在我身上，那么别人就不应该有，与别人无关。我的追求是顺其自然，哪里有工夫顾得上什么人间的贵贱呢？”

在古人看来，有人之所以能做到宠辱不惊，其根本在于将安危放在自己身上来承担，以行仁义为人生追求，不趋利避害，不自以为是，以坦荡胸怀看待人世浮沉。这样的人往往阅世已深，知生之艰难，为人不易，是看透人生后的豁然开朗，可以称之为“明理者”。这类人不会被一事一物所纠缠，而是包容宽厚，不以一己心胸衡量别人的喜恶。

从来圣贤皆寂寞，真名士自风流。淡看昔日富贵，笑对人生沉浮，人才能活得潇洒惬意。

北宋年间，年过六旬的大文学家苏轼被朝廷贬到海南时，天空正下着绵绵细雨，斜风吹打在身上，透出一丝凄凉。虽然居陋室，食粗饭，但苏轼并不以为苦，倒是经常和当地士绅百姓共叙桑麻乐事。他也不以文豪自居，入乡随俗，身披当地衣冠，走街串巷，享受难得的快慰。

一次，苏轼来到一座山上，惹来一个黎山樵夫的善意笑声。樵夫看得出，他是一个身居山林的贵人。出于对他的好感，慷慨地送了苏轼一匹布。

他和周围的邻居关系也非常融洽，左邻右舍常送饭食给他。苏轼给人们讲自己的往事的时候，脸上总是乐呵呵的，并没有伤感怅然之色，口中总是笑称“昔日富贵，一场春梦”。

事实上，苏轼在海南的谪居生活是十分困顿的。海南天气卑湿，这对于年老的苏轼，无疑是难以适应的。但是苏轼去世前自题画像，却将贬官黄州、惠州、儋州看成是自己的平生功业。苏轼对苦难并非无动于衷、麻木不仁，对政敌的迫害也不是逆来顺受，而是以一种全新的姿态面对接踵而至的不幸之事，蕴涵着坚定、乐观的精神。

宠辱不惊不是自我安慰的方式，更非嘲弄人世的对抗姿态，而是将际遇当成阅历，明得失而知荣辱。看开一切，实际上就是彻悟人生百态。

第八章

壁立千仞。无欲则刚

摘掉名利的“桂冠”

“名为锢身锁，利是焚身火”。学会淡泊名利，人会更加高尚。

人总是有“名利”情结，往往也会为此失去方向。“名利”二字，既能使人扶摇九天揽月，俯瞰宇宙小；也可以让人惹祸上身，身败名裂。世人都知道，淡泊名利是君子雅士的风采，然而想从名利旋涡中抽身，很不容易。

庄子喻世，善假于物，他最擅长做各种各样的比喻，或者借名人之口来讲人生道理。庄子曾以孔子的口吻说出了一句人生的名言：“德荡乎名，知出乎争。名也者，相轧也；知也者，争之器也。二者凶器，非所以尽行也。”意思是德行在名利前荡然无存，人类的知识来源于争斗的结果。人为了求名，会不择手段，人的知识技巧，成了斗争的工具，最终不过是为名所困。真正能够淡泊名利的人，便用自己不俗的风骨、淡定的心境、学者的良知，感染着后辈学者。他们的生命是通透的，他们的处世方式是谦和明澈的，他们的气质风度是温和自然的。

执著于物，必定被物所累。超然物外，才能登上伟大思想与卓越精神的殿堂。

季羡林先生一直被冠以“国学大师”“学界泰斗”的称号，一生之中获得无数荣誉。他虽名扬四海，但对荣誉从不痴迷。他曾说过这样的话：“出点小名，小有得意，却诚惶诚恐。”

季老一生中最超然物外的行为当属三辞尊名。在《病榻杂记》中，季老用通达的文字，第一次表明了他对外界“加”在自己头上的“国学大师”“学界泰斗”“国宝”这三项桂冠的看法，并坚持将此三项“尊号”辞掉：

一辞“国学大师”。季老说：“环顾左右，朋友中国学基础胜于自己者，大有人在。在这样的情况下，我竟独占‘国学大师’的尊号，岂不折杀我！”

二辞“学界泰斗”。季老说：“这样的人，滔滔者天下皆是也。但是，现在却偏偏把我‘打’成泰斗。我这个泰斗又从哪里讲起呢？”

三辞“国宝”。季老说：“是不是因为中国只有一个季羡林，所以他就成为‘宝’。但是，中国的赵一钱二孙三李四，等等，也都只有一个，难道中国能有十几亿‘国宝’吗？”

最后，季老总结道：“三项桂冠一摘，还了我一个自由自在身。身上的泡沫洗掉了，露出了真面目，皆大欢喜。”

伟大的思想皆来自自由的心境，虚名一除，人生无累，自我重现，思想与精神才能自由伸展。

俗话说：“名为锢身锁，利是焚身火”，学会淡泊名利，人会更加高尚。人生在世，无论贵贱贫富，逆顺穷达，都少不了要与名利打交道。对待名利，人们有着不同的态度。有的人追名逐利，有的人淡泊名利。很多著名的学者都像季羡林先生一样，是淡泊名利的代表者。他们都实践着“非淡泊无以明志，非宁静无以致远”的目标，他们对个人的名利，常常采取漠然冷淡和不屑一顾的态度，而把主要精力放在对学

术、事业的追求上。

真正的智者非常清楚自己需要什么、不需要什么，不会为了看似光鲜的声誉而明争暗斗。除去虚名，便能除去不必要的负担。晚年的季老依然保持着对自我清醒的认识，执意辞去了加诸自己头上的盛名。他虽摘除了头上恭维的帽子，却辞不掉世人对大师那发自内心的尊敬。

从“一无所有”到“样样都有”

一个人无欲的时候，就是放弃了心中的杂念，就是清空了心灵中积存的枯枝败叶。

世间有许多诱惑：荣誉、金钱地位……但这些都是身外之物，只有生命最美好，快乐最可贵。我们要想活得潇洒自在，要想过得幸福快乐，就必须做到：淡泊名利、割断权与利的联系；位高不自傲，位低不自卑，欣然享受轻松自在的美好时光，这样就会感受到生活的快乐和惬意。否则，太看重权力地位，让一生的快乐都陷在争权夺利中，那就太不值得了。

名利心人人都有，要做到“无欲”很难，所以老子也只说“清心寡欲”，一个人能让自己变得不那么贪婪，已经很了不起了。一个人能把名利看得淡一些，境界就会高一些。如果不能淡泊名利，就容易急功近利，进而为了满足心中的贪欲而不择手段。

人格的伟大之处就在于：它超出了欲望的需求而追求完善的品德。一个人无欲的时候，就是放弃了心中的杂念，就是清空了心灵中积存的枯枝败叶。清空了心灵，才能最大限度地获得自由、独立的生命；清空了心灵，才能收获光荣与辉煌的未来。

宋朝的雪窦禅师喜欢云游四方。这天，禅师在淮水旁遇到了曾会学士。曾会问道："禅师，您要到哪里去？"雪窦回答说："不一定，也许去往钱塘，也许会到天台山那里去看看。"曾会建议道："灵隐寺的住持和我交情甚笃，我给您写封介绍信，您带去交给他，他一定会好好招待您的。"于是雪窦禅师来到了灵隐寺，但他并没有把曾会的介绍信拿出来，而是潜身于普通僧众之中过了三年。

三年后，曾会奉令出巡浙江，便到灵隐寺去找雪窦禅师，但寺僧却说并不知道这个人。曾会不信，便自己在一千多位僧众中找来找去，终于找到了雪窦禅师。

曾会不解地问："为什么您不去见住持而隐藏在这里呢？是我为您写的介绍信丢了？"雪窦禅师微笑着回答道："不敢，不敢。我只是一个游方的云水僧，一无所有，所以我不会做您的邮差的！"说完拿出介绍信，原封不动地交给曾会，两人相视而笑。曾会随即将雪窦引荐给住持。后来，苏州翠峰寺缺住持，灵隐寺住持就推荐雪窦去任职。在那里，雪窦终成一代名僧。

雪窦之所以成为一代名僧，和他高洁的品格密不可分。红尘多姿、世界多彩，令大家怦然心动，名利皆你我所欲，又怎能不忧不惧、不喜不悲呢？否则也不会有那么多的人穷尽一生追名逐利，更不会有那么多的人失意落魄、心灰意冷了。只有做到了宠辱不惊、去留无意，方能心态平和，恬然自得。

"淡泊"是一种心态，一种胸怀；"宁静"是一种境界，一种品格。真正淡泊宁静之人，皆能摒弃个人得失，追求崇高的人生境界。既有远大的理想，又乐于奉献的人有"宁静"与"淡泊"一路相伴，生命必然既轻松，又充实。

人的欲望越大，就变得越贪婪，人生就越容易失控。一个人自由不自由，不在于生活中随心所欲，而在于能否保持一种自由的精神。一颗淡泊名利的心，是解开心灵枷锁的钥匙。若能抱着一无所有的心态，那么人也会更容易满足。

知足常乐

“知足”是一种处世态度，“常乐”是一种幽幽释然的情怀。知足常乐，贵在调节。做到知足常乐，即可收获良好心态，内心自然也会和谐、平静、适意、真诚。

老子在《道德经》中说：“祸莫大于不知足。”意思是说，一个人最大的坏处就在于不知足，奉劝人们学会知足。孟子说：“养心莫善于寡欲；其为人也寡欲，虽有不存焉者，寡矣；其为人也多欲，虽有存焉者，寡矣。”说的也是知足常乐的道理。一个人活在世上，首先要学会知足，一个不知足的人，永远和幸福无缘。虽然这一道理人人都懂，却鲜有能真正做到者。

在人的一生中，会有许多的方向、许多的目的。追求真理，追求理想的生活，追求刻骨铭心的爱情，追求金钱，追求名誉和地位。有追求就会有收获，我们会在不知不觉中拥有很多，有些追求是我们必需的，而有些却是完全用不着的。那些用不着的东西，除了满足我们的虚荣心外，最大的后果就是成为我们的心理负担。

古人有句话叫“大道至简”，用今天的话来说，就是“越是真理就越是简单”。著名的美籍华裔数学家陈省身先生有一个很有趣的“数学人生法则”，数学的一个重要作用就是“九九归一，化繁为简”。智者简单，并非因为内容贫乏，而是繁华过后的一种觉醒，是一种去繁就简的境界。简单的过程是一个觉醒的过程。幸福的人生一定是一个去繁就简的人生，是一个节制自己欲望的人生。

财富也好，情感也罢，甚或是其他方面的欲望，都应把握有度，适可而止。多贪多欲，乃失败之根本。我们常常想要这个或那个，如果不能得到我们想要的，我们就不停地去想我们所没有的，并且保持一种不满足感。如果我们已经得到想要的，也不过是同时又在制造着不满足感，因此，尽管得到了我们所想要的，我们仍旧不高兴。当我们内心充满新的欲望时，是得不到幸福的。

一位心理学家指出：最普遍的和最具破坏力的倾向之一，就是集中精力于我们所想要的，而不是我们所拥有的。对于到底拥有多少，我们似乎并不为意；我们仅仅不断地扩充欲望名单，这就导致了我们的不满足感。我们的心里说："当这项欲望得到满足时，我就会快乐起来。"可是一旦欲望得到满足后，这种心理作用不断重复。因而，幸福也随之变得越来越远，甚至成了一个遥不可及的梦。

幸福，其实很这么简单：别勉强自己去做别人，知足常乐即可。知足常乐是一种看待事物发展的心情，不是安于现状的追求态度。"止于至善"是说人应该懂得如何努力，进而达到最理想的境地，懂得自己处于什么位置才是最理想的。只有知足常乐，知前乐后，透析自我、定位自我、放松自我，才不至于好高骛远、迷失方向、碌碌无为，不至于心有余而力不足，又心力交瘁。

"知足"是一种处世态度，"常乐"是一种幽幽释然的情怀。知足常乐，贵在调节。做到知足常乐，即可收获良好心态，内心自然也会充满和谐、平静、适意、真诚。

知足常乐，这种在平凡中渲染的人生底色所孕育的"宁静"与"温

馨”，对于风雨兼程的我们是一个避风的港口。休憩整理后毅然前行，来源于自身平和的不竭动力。真正做到知足常乐，我们会多一份“从容”，多一些“达观”。

多贪多欲的人，纵然富甲天下，仍然无法满足，无异是个穷人，他们拥有的是痛苦的根源，而非幸福的靠山；少欲知足的人，才是真正的富有者。

不贪心，抓住“当下”所拥有的

医除“贪”病定要用“舍”字。只有真正地懂得舍弃，才能摒除自己的贪念，才能“得”。

当我们很想得到的东西没有得到时，我们会沮丧、抑郁和难过。有些时候，得不到的原因不是你没努力，而是你的心放得太大，来不及“收网”。不懂得舍弃，只盯着远处那飘来飘去的巨大的贪念，也就无心抓住眼前那一点点的“得”。

医除“贪”病定要用“舍”字。只有真正地懂得舍弃，才能摒除自己的贪念，才能“得”。如果不适合自己的情爱是累赘，你能舍弃它，就得到“自由自在”；如果“妄想”是烦恼，你能舍弃它，就能得到“真实”；如果“挂碍”是痛苦，你能舍弃它，就能得到“轻松愉快”。因为能舍，所以能得，这是必然的道理。

游客在镜湖山旅游区乘索道至山顶，饱览风光后，可以乘坐索道直奔下一个峪口。购票前，大家有两种选择，一是直接乘索道前行，票价10元；二是先入另一条信道，然后再乘索道，在这条信道里可以参与奖励游戏，连过七关，各关的奖品不同，票价15元。大部分游客都怀有不到长城非好汉的心态，既然到了山顶，还差这5元钱？尝试一下！

检过票的游客被带进一条封闭信道内，信道每次只能过一人，等前面的人先过去了，后面的人才能继续接上。进入第一关，电子屏幕上显示着：现在，您已经获得了5元钱的奖励，如感到满足，您可以结束游戏，从侧面出去领取奖金。游客想，我花5元钱得到这个结果呀，那还不如不玩，继续。于是就进了第二关。第二关屏幕上显示着：现在，您已经获得了10元钱的奖励，如感到满意，您可以结束游戏，从侧面出去领取奖金。游客想，我获得此机会不容易，再走。第三关，奖金成了20元。游客想：下一关定是40元了，继续下去会比较好……到了第六关，屏幕上显示着：现在，您已经获得了320元的奖励，如感到满足，你可以结束游戏，从侧面出去领取奖金。许多游客想：我不过花费5元钱，损失了也没事，就赌它一把，下一关应当是640元了！

然而，当游客进入最后一关时，只见那里负责检票的工作人员手中拿的是一个印有“欢迎下次光临”的牌子。这时想要后退回去是不可以的，游客只好怀着一丝遗憾离去。

最后从通道出来的是一对中年夫妇，只有他们获得了奖金，他们在第三关共领取了40元的奖金，也就是说，夫妇二人将分文未花地乘索道——旅游区还要倒贴给他们10元。其他游客笑问这对中年夫妇怎么没有再选择冲击再高一点的奖金呢，哪怕是在第四关、第五关或者第六关？

中年男子笑着说：“当我们到了第三关的时候，我们发现，这第三关的奖金已经让我们‘赚’了10元，我们当时就决定领取奖金。贪念是人间最可怕的东西，只有舍弃这个可怕的贪念，你才能收获美好；只有学会舍弃，你也才有可能得到。”

这个创意让旅游区获得了相当丰厚的利润。据说起初论证时，大部分董事提出质疑，说如果大家都在第六关满足的话，那可赔惨了……策划者认为不可能。这几关其实是贪婪关，一般人很难做到以舍去贪。事实确实如此，能获得奖金者寥寥无几。

就像那对中年夫妇一样，只有舍弃了贪婪，才可能得到更多；只有舍弃了欲望，才可能有更多的收获。

走路时，不舍去后面的一步，便无法跨出向前的一步；作文时，不舍去那些赘语，便无法写出精简犀利的短文；庭院里的小树苗，如果你舍不得剪去那些看似漂亮的多余枝叶，它就无法茁壮地生长，会拖垮整棵树苗。

舍，看起来是把好处给了别人，实际上是给了自己。

学会自制，才能经得起诱惑

欲望是无止境的。尤其是在现代社会中，物欲更具诱惑力。如果管不住自己的欲望，贪多务得，就会因为身背重负而寸步难行。

人在这一生中总是免不了有那么一些时刻被物欲所裹挟，急着向前走，急着想享受一切，急着要得到某些东西，却要到繁华落尽时才能明白，“我以为争夺到手的，也就是我拱手让出的；我以为我从此得到的，其实就是我从此失去的”。想得到更多的东西，却把现在所拥有的也失掉了。

法国杰出的启蒙哲学家卢梭认为人的物欲太盛，他说：“十岁时被点心、二十岁被恋人、三十岁被快乐、四十岁被野心、五十岁被贪婪所俘虏。人到什么时候才能只追求睿智呢？”

人心不能清静，是因为物欲太盛。我们不能没有欲望，除了生存的欲望以外，人还有各种各样的欲望，欲望在一定程度上是促进社会发展和自我实现的动力。可是，欲望是无止境的。尤其是在现代社会中，物欲更具诱惑力。如果管不住自己的欲望，贪多务得，就会因为身背重负而寸步难行。

一个乞丐每天都在想，假如我有2万元钱就好了，我就可以做一个正常生活的人，不用再做乞丐了。一天，这个乞丐无意中发现了一只很可爱的小狗，他见四周没人，便把狗抱回了他住的窑洞里，拴了起来。

这只狗的主人是本市有名的大富翁。这位富翁在丢狗后十分着急，因为这是一只纯正的进口名犬。于是，就在当地电视台发了一则寻狗启事：如有拾到者请速还，付酬金2万元。

第二天，乞丐行乞时，看到这则启事，便迫不及待地抱着小狗准备去领那2万元酬金。可当他匆匆忙忙抱着狗又路过贴启事处时，发现启事上的酬金已变成了3万元。原来，大富翁寻不着狗，又电话通知电视台把酬金提高到了3万元。

乞丐似乎不相信自己的眼睛，向前走的脚步突然间停了下来，想了想又转身将狗抱回了窑洞，重新拴了起来。第三天，酬金果然又涨了，第四天又涨了，直到第七天，酬金涨到让市民们都感到惊讶时，乞丐这才跑回窑洞去抱狗。可想不到的是，那只可爱的小狗已被饿死了。

于是，乞丐还是乞丐。

这个世界有太多的诱惑，于是人们会有太多的欲望。贪心会使人永远没有满足之时。因此，不能将贪心作为人生的包袱，压得太重，突破了极限，反而什么也得不到。

西方一位哲人曾说过："人的欲望是座火山，如不控制就会伤人害己。"贪欲是人成功路上的障碍，因为它会自动滋生、膨胀，最后喷发而出时，就无法控制了，一切的荣誉、事业、成功也都将随之烟消云散。

要想克制欲望的火山，就要学会自制。别人的控制都是外界条件，只有自己的内心有了自制的意识，才能有效地控制自己的贪欲。

有人曾经做过这样一个实验：让一群儿童分别走进一间空荡荡的大厅，在大厅最显著的位置，为每个孩子准备了一块软糖。

测试教师对每一个将要走进去的孩子说：“如果你能坚持到老师来叫你出去的时候，还没把这块糖吃掉，将对你有一个奖励：再给你一块软糖，就是说，你将得到两块软糖。如果你等不到老师来就把糖吃掉了，那么你只能得到这一块。”

实验开始，孩子们依次走进大厅。结果发现，有些孩子缺乏自制能力。因为大人不在，他们又受不了糖的诱惑，把糖吃掉了。还有一些孩子，想到了刚才提出的要求，认为只要自己能坚持一会儿，就能得到两块糖，于是尽量控制自己，转移注意力，唱歌、蹦蹦跳跳，就是不看那块糖，一直等到老师来。这样他就得到了奖励，有了第二块软糖。

专家们把孩子分成两组：对能够坚持下来得到两块软糖的和不能坚持下来只得到一块软糖的孩子，对他们进行了长期的跟踪调查。结果发现，那些只得到一块糖的孩子，普遍没有得到两块糖的孩子成绩突出。也就是说，凡是小时候缺乏自制力的，长大后做事就不太容易成功。

“谁也不能随随便便成功，它来自彻底的自我管理和毅力”，自制，就要克制欲望。“自制”不仅仅是在物质上克制欲望，更重要的是精神上的。

为了实现目标，也许你必须做一些自己不想做的事，放弃一些自己深深迷恋的事，这样就会感觉到一定的“约束”。但是，为了生活，为了目标，我们不能试图摆脱一切“约束”，而是应该在“约束”的引导下，一步步沿着既定的目标，稳步地前进。

人生不是绝对自由的，有环境束缚着你，有道德规范着你。与其去追求绝对的自由，还不如从内心深处去认识这些“束缚”的必要意义，从中找到相对的自由。

不做金钱的奴隶

赚钱不过是为了生活得更幸福一些，如果因为太在乎结果，而把生活的过程给忽略了，那就是很不划算的交易。

钱就是货币，是一种充当一般等价物的特殊商品，可以作为价值尺度、流通手段、储蓄手段、支付手段等角色发挥作用，可以用来购买其他商品。其实，钱不识美丑，重要的是我们如何去驾驭它。

人的欲望无穷无尽，如果任其泛滥膨胀，人类社会就毫无秩序可言，欲望过盛的个人也往往多行不法，自食恶果。由此，在思想上加强对欲望的认识是必要的。欲望当然会有，也不必把欲望当成洪水猛兽，只要我们善于利用欲望所产生的正面力量，合理控制自身的欲望，知道如何休息，自然会拥有一个丰富多彩的人生。

大金融家摩根喜欢赚钱，甚至达到痴迷的程度。

每当黄昏时，他总会到小报摊上买一份刊有股市收盘信息的当地晚报回家阅读。当他的朋友都在忙着娱乐的时候，他却说："有些人热衷于研究棒球或者足球的时候，我却喜欢研究怎么赚钱。"

在谈到投资的时候，他总是说："玩扑克的时候，你应当认真观察每一位玩者，你会看出一位'冤大头'，如果看不出，那这个'冤大头'就是你。"

他从来不乱花钱去做自己不喜欢的事情，他总是琢磨赚钱的办法。

朋友开玩笑说："摩根，你已经是百万富翁了，感觉滋味如何？"

他的答案耐人寻味："凡是我想要的东西而又可以用钱买到的时候，我都能买到。至于其他人所梦想的东西，比如名车、名画、豪宅我都不为所动，因为我不想得到。"

他并不是一个为金钱而生活的人，他甚至不需要金钱来装饰他的生活，他喜欢的仅仅是游戏的感觉，那种一次次投入资金，又一次次地通过自己的智慧把钱赚回来的感觉，充满了风险和艰辛，但是也颇为刺激，他喜欢的就是刺激。

摩根说："金钱对我来说并不重要，而赚钱的过程，即不断地接受挑战才是乐趣。不是要钱，而是赚钱，看着钱滚钱才是最有意义的。"

赚钱不过是为了生活得更幸福一些，如果因为太在乎结果，而把生活的过程给忽略了，那就是很不划算的交易。人们追求金钱，是为了使生活更舒适，但奇怪的是，人们一旦有了钱反而更忙碌，更无法舒舒服服地过日子。有些商人就是这样，终日忙于赚钱，虽然腰缠万贯，却失去了享受生活的机会。真正的成功人士在世界上过得极为洒脱，他们既最会赚钱，又最会享受生活。

一位美国大商人乘专机到某国参加一项商务谈判，到达的那天恰好是周六。大商人在美国备受交通堵塞之苦，因而对这里街上汽车稀少、交通畅通无阻感到很奇怪。他问："你们首都的车辆这么少吗？""你有所不知。"有人解释道，"我们从每周五晚上开始，一直到星期六的傍晚为止，是禁烟、禁酒、禁欲的时间，一切杂念皆摒除九

霄云外，一心一意地休息，人们大都待在家里，所以街上来往的汽车比平日起码减少一半。从周六晚上起，才是我们真正的周末，是我们尽情享受的时候。”

“你们真懂得休息和享受。”大商人羡慕地说。

“因为我们知道，有了健康的身体，才能享受快乐的人生。”这人不无得意地说，“健康是商人最大的本钱。要想有健康的身体，必须吃好、睡好、玩好。”

赚钱，是为了更好地休息。所以，人应该在工作之余，好好学会休息。在成功人士的心中，解放自己的日子，才是真正的假日。如果一个人在工作之余还在为工作烦恼，或者把工作带回家来做，他是很不幸的，因为他隐性地牺牲了陪伴家人和自我调整的时间。

赚钱的目的是为了享受，知道如何休息，才会拥有快意的人生。君子爱财，取之有道。赚钱，不应以牺牲健康、家庭、幸福为代价。

对于我们普通人来讲，虽然没有大笔的财富，但也不必要为了金钱而变得锱铢必较。拥有金钱，是为了让自己的日子越过越好。

第九章

人情路上不负重。越行越轻松

你为他人打伞，他人才为你挡风

世间的得失与取舍之间的关系都是相互的，都符合因果循环。

人毕竟是社会动物，如果一个人只顾着自己，而从来不考虑别人的感受和利益，早晚会众叛亲离。一个聪明的人明白，只有先帮助别人，才能最终成就自己。

帮助别人也不仅仅是为了自己得到更多的“实惠”，在这个过程中，还得到了帮助别人所带来的精神满足。既能得到物质上的“实惠”，又能得到精神上的“愉悦”，何乐而不为呢？在现实生活中，因帮助别人而使自己得到实惠的例子并不少见。

两个钓鱼高手一起到鱼池垂钓。这两人各凭本事，一展身手，不久，都大有收获。忽然间，鱼池附近来了十多名游客。看到这两位高手轻轻松松就把鱼钓上来，不免有几分羡慕，于是都去附近买了一些钓竿来试试自己的运气。没想到，这些不擅此道的游客，无论怎么钓还是毫无成果。

那两位钓鱼高手，个性相当不同。其中一人孤僻而不爱搭理别人，单享独钓之乐；另一位高手，却是个热心、豪放、爱交朋友的人。

爱交朋友的这位高手，看到游客钓不到鱼，就说：“这样吧！我来教你们钓鱼，如果你们学会了我传授的诀窍，而钓到的鱼多了时，每十尾就分给我一尾，不满十尾就不必给我。”双方一拍即合，很快达成了协议。教完这一群人，他又到另一群人中，同样也传授钓鱼技巧，依然要求每钓十尾回馈给他一尾。

一天下来，这位热心助人的钓鱼高手，把所有时间都用于指导垂钓者，傍晚竟然获得满满一大箩筐鱼，还认识了一大群新朋友。同时，左一声“老师”，右一声“老师”地被人围着，备受尊崇。

同来的另一位钓鱼高手，却没享受到这种助人为乐的乐趣。当大家围绕着其同伴学钓鱼时，那人更显得孤单落寞。闷钓一整天，检视竹篓里收获的鱼，也远没有同伴的多。

在社会当中，有时候须帮助别人，才能更好地成就自己。帮助别人就相当于把自己的力量分给了更多的人，这样得到的回馈肯定也是多于单打独斗的收获。此外，在别人急须帮助的时候施以援手，不但解救别人于水火之中，还可以为自己赢得更多的声望。

一个人之所以能得到别人的帮助，事情做得顺利，是因为这个人以前帮助过别人。因此，若想得到好的回报，不肯先付出是不可能的。这正如农夫种地，想有好的收成，却不肯辛勤种地，也不可能获得丰收。

世间的得失与取舍之间的关系都是相互的，都符合因果循环。生活有失才有得，想要有取，便必须学会给予。“取”与“予”之间并不是相互对立的，如果我们只是一味地想着索取，那么，我们将活得孤独；倘若懂得“先予而后取”的道理，那么，我们便会朋友遍天下。

想让别人对你微笑，就微笑对待他人；想有更多的人爱自己，就先爱别人；想交更多的朋友，就真心地对待身边每一个人……

先予后取是人生的一种大智慧，想要从别人那里得到什么，就先给予别人另一些东西。

站在他人立场上想一想

自己不愿意别人怎样对待自己，就不要那样对待别人；自己所不愿承受的，就不要强加在别人头上。

著名作家柏杨先生曾说：“我们盼望的是，每个中国人都应有设身处地为别人想一想的教养。珍惜友情，爱护自己所爱的。除非必要，不再轻易托人带东西、买东西，这也是一个开端。呜呼，别把自己的面子，建立在困扰别人的行为上。”

在与人交往的过程中，应该多体会他人的情绪和想法、理解他人的立场和感受，并站在他人的角度思考和处理问题，也就是俗话中说的将心比心，以己度人：自己不愿意别人怎样对待自己，就不要那样对待别人；自己所不愿承受的，就不要强加在别人头上。

战国时期，楚魏两国交界，两国在边境上各设界亭，亭卒们在各自的空置土地里种了瓜菜。魏国的亭卒勤劳，锄草浇水，瓜秧长势喜人；楚国的亭卒懒惰，不务农事，瓜秧瘦弱，与魏亭瓜田的长势有天壤之别。楚国的亭卒心生忌妒，于是，一晚乘着夜色偷跑过境，把魏亭的瓜秧全扯断了。

第二天，魏亭的人发现自己的瓜秧全被人扯断了，气愤难平，报

告给边县的县令宋就，请示说也要去把楚亭的瓜秧扯断。宋就说：“这样做当然很解气，可是，我们明明不愿他们扯断我们的瓜秧，那么为什么再反过去扯断别人的瓜秧呢？别人不对，我们再跟着学，那就太狭隘了。从今天起，每天晚上去给他们的瓜秧浇水，让他们的瓜秧长得好。而且，你们这样做，一定不能让他们知道。”魏亭的人听了县令的话后觉得很有道理，于是就照办了。

楚亭的人发现自己的瓜秧长势一天好过一天，仔细观察后发现每天早上瓜田都被人浇过了，而且是魏亭的人在黑夜里悄悄为他们浇的。楚国的边县县令听到亭卒们的报告后，感到十分惭愧和敬佩，于是把这件事报告给了楚王。

楚王听说这件事后，感于魏国人修好的诚意，特备重礼送给魏王，以示自责。两个国家成了友好的邻邦。

人往往是自私的，倘若从现在起摒弃私心，学会站在别人的立场上考虑问题，身边的朋友就会越聚越多，进而交际圈也就会越来越广，事业和人生也就越来越顺利。设身处地站在他人的角度想问题，这是一个人成功的关键。

东汉末年，曹操和袁绍在官渡决战。当时曹军远不如袁军强大，但袁绍刚愎自用，不纳忠言，一再坐失战机；曹操则富有谋略，善于用兵。结果，战事以曹操的胜利而告终。

打败袁绍后，曹军将士在袁军的帐篷里搜到了一些信件，全是曹操手下的一些文臣武将与袁绍暗相勾结、示好献媚的信。有人建议，把这些写信的人全都抓起来杀掉。可是，曹操不同意这样做。他说：“当初袁绍的力量十分强大，连我自己都感到难以自保，又怎么能责怪这些人呢？假如我站在他们的位置，当时也会这么做的。”于是，曹操下令把信件全部烧掉，对写信的人一概不予追究。那些原本惶恐不安的人一下子把心放到肚子里，从此对曹操更加忠心耿耿了。

曹操这种为人处世的态度使他更多地赢得了人心，愿意投奔他并甘心为他效力的人也越来越多。这样，曹操的力量便越来越强大，手下谋臣猛将如云，他借此很快打败了那些割据一方的诸侯，统一了中国北方。

人是感性的动物，往往轻信自己看到的景象，依照自己的价值观和思维模式来判断，因此对于对待别人、要求自己就有了双重标准，由此产生的冲突可想而知。然而，若能设身处地站在他人的角度考虑问题，就可以消除很多矛盾。

生命，有着多样的常态，人不必太慌张，也不必太无奈，更不必太强势。清风拂面之时，站在他人的立场想一想，一切又都豁然开朗。

从吃亏中收获更多

世界上没有白吃的亏，有付出必然有回报。如果过于斤斤计较，往往得不到他人的“支持”。

“吃小亏，赢大利”，有人常说自己一点亏都吃不得，凡事都要占得三分便宜。这看似是不吃亏，其实是吃了大亏。

有时候，吃亏并不代表会失去什么，反而会在恰当的时机，成为幸福的催化剂，令原先吃的亏，转变为丰厚的回报。

正所谓“吃亏是福”，聪明的人往往能从吃亏中学到很多智慧，一个人若能真正懂得“吃亏”中的利害关系，那么，他一定能在“吃亏”中获得不小的“福分”。

东汉时期，有一个名叫甄宇的在朝官吏，时任太学博士。他不仅博学多识，而且为人忠厚，遇事谦让，与同僚都相处得很好。

有一次，皇上把一群外邦进贡的活羊赐给了在朝的官吏，要他们每人分得一只。

在分配活羊时，负责分羊的官吏犯了愁：这群羊大小不一，肥瘦不均，怎么分群臣才没有异议呢？这时，大臣们纷纷献计献策。

有人说：“把羊全部杀掉吧，然后肥瘦搭配，人均一份。”

也有人说："干脆抓阄分羊，好不好全凭运气。"

就在大家七嘴八舌争论不休时，甄宇站出来了，他说："分只羊不是很简单吗？依我看，大家随便牵一只羊走不就可以了吗？"说着，他就牵了一只最瘦小的羊走了。

看到甄宇牵了最瘦小的羊走，其他的大臣也不好意思专牵最肥壮的羊。于是，大家都捡最小的羊牵。很快，羊就被牵光了，而且每个人都没有怨言。

这件事情传播开来，洛阳城里的人无不为甄宇的高风亮节所折服，四处赞扬他，以致连光武帝也知道了。一次，光武帝视察太学，想召见甄宇，直接询问其他大臣"瘦羊博士"在哪里。从那之后，京师洛阳的人们就以"瘦羊博士"来称呼甄宇。

不久，在群臣的推举下，甄宇又被朝廷官升一级。

从表面上看，甄宇牵走小羊吃了亏，但是，他却得到了群臣的拥戴、皇上的器重。实际上，甄宇是得了大便宜。

俗话说："好汉不吃眼前亏。"许多人都把"吃亏"看做是一种非常愚蠢的行为。然而，很多时候，我们的判断都是错误的，一些"亏"只不过是事情的表象而已。有时，一件看似很吃亏的事，往往会变成非常有利的事。

人，其实是一个很有趣的平衡系统。当你的付出超过你的回报时，你一定取得了某种心理优势；当你的获得超过了你付出的劳动，甚至不劳而获时，便会陷入某种心理劣势。

总而言之，人不会无缘无故地得到，也不会无缘无故地失去。有时，你是用物质上的"不划算"换取精神上的超额快乐。也有时，看似占了金钱方面的"便宜"，却同时在不知不觉中透支了精神的快乐。吃

亏是福，就是这样一个道理。

世界上没有白吃的亏，有付出必然有回报，如果过于斤斤计较，往往得不到他人的支持。要从长远的角度思考问题，要知道吃亏就是福，能吃亏的人往往能收获更多幸福。

如果你能够平心静气地对待“吃亏”，表现出自己的肚量，让别人得到一定好处，你也就因此取得了别人的信任和尊敬。

得理也要让三分

当你对一个人说“你错了”时，必然撞在他固执的墙上，这十分不利于维系友情。

晋朝时，朝廷重臣朱冲身居要职，为人公正，刚直不阿。他一生恪尽职守，宽厚待人。朱冲生于南安，自幼贫困的他很小就开始帮助家里放牛。

有一天，朱冲将牛赶到山坡上放牧。不一会儿，朱冲打起盹来。睡梦中的朱冲被草丛中传来的声音吵醒了，只见自己的邻居蹑手蹑脚地向这边靠近，抓起一条牛缰绳，把朱冲的一头牛牵走了。

朱冲并没有勃然大怒，他认为邻居不会无端地将别人的牛牵走，此中一定有缘由。他认为，等弄明白事情的原委再说不迟，没有必要鲁莽行事。

不多时，邻居找到了朱冲，满脸歉疚。原来，这位邻居的牛找不到了，一时糊涂，错把朱冲的牛牵走了。

朱冲听完宽容地一笑，说：“你家里日子艰难，这头牛就送给你吧！”邻居原准备挨朱冲的一顿责骂，没想到朱冲竟会以牛相赠，感激得一句话也说不出来。

每个人都难免会犯错，因此每个人都有需要别人原谅的时候。许多人一旦自己得了“理”，便不肯饶人，非逼得对方认错不可。一次“得理不饶人”虽然让你吹响了胜利的号角，但也成了下次争斗的前奏。因为这对“战败者”来讲，也是一种面子和利益之争，当然要伺机“讨”还。

在这种情况下，我们可以像朱冲那样，即使自己有理，也不妨让别人三分。其实，有些时候给他人台阶下，也是为自己攒下了人情，留下了一条后路。

人们在得到他人的“原谅”后，多半会真心悔悟，而非执迷不悟。宽容的人容易获得快乐，不是他们天生有这种能力，只是在原谅他人的过错后，他的内心会少了一份沉重的负担。有一剂处世药方，教的是如何待人接物，写得很有意思：热心肠一副，温柔两片，说理三分。

有人或许会疑惑，这说理为什么是三分而不是十分呢？

“说理三分”，讲的其实是一种技巧。你若有理，聪明人一点就通，不用十分，三分足够了，不必画蛇添足；碰到蠢人（或钻牛角尖的人），你再多费口舌也无用，何必执著，不妨假以时日，让对方自己慢慢去悟；至于蛮汉，本就不讲理，即使讲上十二分，也无异于对牛弹琴。

“说理三分”，讲的也就是“宽容”。人总有缺点，或多或少总有不完美的地方，对方或许并不明白，你巧妙地说上几句，点到为止，也是与人为善，让对方心存感激。若是穷追猛打，非要弄得人家下不来台，只怕会两败俱伤，得不偿失。

在人际交往中，破坏力最强的莫过于这三个字——“你错了”，这三个字不会给人际交往带来任何好处，却只会带来一场不快的争吵，甚至能使朋友变成对手，使情人变成怨偶。

我们不要把相处的人当作度量不凡的超人，他们毕竟不是修炼到家的“圣人”。和我们来往的都是感情丰富的常人，甚至是充满偏见、傲慢和虚荣的人。能够虚怀若谷地对待别人批评的人，毕竟只有少数。所以，当我们想说“你错了”时，应该明白，对方十有八九不会诚心接受。就像我们自己不会心甘情愿接受别人对我们说“你错了”一样。

有的时候，我们即使明知自己错了，也不愿意承认，所以就不必将别人的错误摆在那么明显的位置。就拿我们自己来说，我们犯了错误，也许并非没有意识到，只是碍于面子不肯承认而已。所以，当你对一个人说“你错了”时，必然撞在他固执的墙上，这十分不利于维系友情。

莫为小事斤斤计较

生活，是为了幸福；工作，是为了快乐。被小事所累，情绪受到影响，我们会失去很多快乐。

每个人都有可取的一面，也有不足的地方。与人相处，如果总是苛求十全十美，那么永远也交不到真心朋友。不必苛求星星也光芒四射，只须它点缀黑暗天空；不必苛求小草也撑起一片天空，只须它绿意盎然；不必苛求一滴水能滋润整片麦田，只须它昭示出生命。

世界上没有完美的人，没有彼此间毫无分歧的朋友。有了大的错误，要能够改正；对于小的缺陷，不妨适当给予包容。

北宋名将狄青和猛士刘易之间有一段这样的故事。

有一年，狄青要出守边塞，他的好朋友韩将军向他推荐了一名猛士，名叫刘易。刘易熟知兵法，善打恶仗，对狄青守卫的那段边境的情况非常熟悉，带他一起到边境去，能起很大作用。但是，刘易有个不良嗜好，就是特别爱吃苣荬菜，一顿饭吃不到苣荬菜就会呼天喊地、骂不绝口，甚至还会动手打人，士兵、将领们都有点怕他。

刘易和狄青来到边塞后，每天早起晚睡，忙于军务，从内地带的苣荬菜很快就吃完了，而边塞又找不到这种野菜。这天，士兵送来的菜里缺少了苣荬菜，刘易便把盛饭菜的器皿扔到地上，并在军营中大闹不止。士兵将此事报告给狄青，狄青听了非常生气。

狄青考虑，与这种性格刚烈的人发生正面冲突，不仅破坏了自己与韩将军的友谊，而且会影响刘易的情绪。但是放任不管，势必会动摇军心，影响戍边大业。于是，狄青出面好言安抚刘易，并立即派人回内地去买苣荬菜。一部分将领非常不服气，说刘易何德何能，却要狄将军放下军务派人去给他弄苣荬菜吃。特别气愤的将领还想去与刘易比一比武艺，杀一杀刘易的威风。狄将军急忙劝阻众将说："刘易原来不是我的部下，如果你们与他计较，争强斗胜，传出去势必会给敌人以可乘之机。我们现在要加强团结，绝不能争一时之短长。"

当这些话传到刘易的耳中后，他非常感动。狄将军派人专程去买苣荬菜，刘易觉得自己获得了同情和理解；狄将军劝阻将领勿争强斗胜，刘易觉得是真正顾全大局，宽宏大量。他意识到，在这种情况下，自己不该再给非常忙碌的狄将军添麻烦。

过了几天，刘易懊悔地去找狄青，说："狄将军，您治军严整，我在韩将军手下时就有耳闻。这次我因为这么点小事就大闹，您不仅不责怪我，还原谅了我，我一定会痛改前非。"从此，刘易再也没为苣荬菜闹过事，并且逢人便称赞狄青胸怀宽广。

顾全大局的人，不拘泥小节；做大事的人，不追究琐碎的事；得巨材的人，不为木材上的瑕疵而怏怏不乐。要做大事，须统观全局，不可在小事上过分纠缠。

狄青这方面的智慧体现得淋漓尽致，不仅令刘易折服，而且安抚了其他将领、士兵。更重要的是，他在做事情时，具有不因小事而影响大局的风范，值得每个人学习。

我们不要总是纠正别人，不要打断别人的话，不要让别人为不顺心的你负责，最好能给别人一个微笑。要接受事情不成功的事实，要忘记事事都必须完美的想法，这样，你的生活会变得轻松得多。

与其把精力都浪费在一些小事上，不如集中精力投入到自己的事业中去。生活，是为了幸福；工作，是为了快乐。被小事所累，情绪受到影响，我们会失去很多快乐。

处处给他人留点面子

伤害人的自尊是一种罪过，这也包括不给人留面子。

你伤害过谁，或许你早已经忘记，可对方永远不会忘记你；你让谁喜悦过，即使你不记得，但也会在将来的某一天，收获意想不到的回报。西班牙作家葛拉西安说：“人们总是在努力判断和了解你行动背后的动机，所以一旦做出一个超乎常理的行动，就会让他人落居守势，因为人们对自己不了解的人和事物，常常表现得心慌意乱。”他人总是期待我们能够表现出适当的态度和行为，如果我们不注重别人的感受，在给别人带去困扰的同时，也会让自己越发孤立。

有一段时间，通用电气公司遇到一项须慎重处理的问题——公司不知该如何安排一位部门主管查尔斯的新职务。查尔斯原来在电气部工作，是个技术人才。但后来被调到统计部当主管后，工作业绩不见起色，因为他并不胜任这项工作。公司领导层感到十分为难，毕竟他是一个不可多得的人才，何况他的性格还十分敏感。如果激怒惹恼了他，难保会出什么乱子！

经过再三考虑和协调之后，公司领导给他安排了一个新职位：通用公司咨询工程师，工作级别仍与原来一样，只是另换他人去接手他现在

的工作。

对此，安排查尔斯自然很满意。公司当然也很高兴，因为他们终于把这位脾气暴躁的人才成功调离，而且没有引起什么纷争，因为公司给他保留了面子。

故事中的这件事如果处理不好，不知道会给通用汽车公司带来什么样的后果。由此可见，行事中给他人留面子，这是何等重要的问题。每个人都有自尊心，都希望别人凡事都能顾及自己的面子。然而，我们很少有人会真正用心地考虑这个问题。

一家管理咨询公司的会计师说："辞退别人有时也会令人烦恼，被人解雇更是令人神伤。我们的业务受季节影响很大，所以，旺季过后，我们不得不解雇许多闲置下来的人员。我们这一行有句笑话：没有人喜欢挥动大刀。因此，大家都很担心，生怕解雇其他人员的任务落到自己头上。例行的解雇谈话通常是这样的：'请坐，汤姆先生。旺季已经过去了，我们已没什么工作可以交给你做了。当然，你也清楚我们……'"

"除非不得已，我绝不轻易解雇人，同时会尽量婉转地告诉他：'汤姆先生，你一直做得很好（假如他真是不错）。上次我们要你做的工作虽然很麻烦，而你处理得滴水不漏。我们很想告诉你，公司以你为荣，十分信任你，愿意永远支持你，希望你不要忘记这里的一切。'如此，被辞退的人感觉好过多了，至少不觉得自己被遗弃。他们知道，如果我们有工作的话，一定会继续留住他们的。要是等我们再需要他们的时候，他们也是很愿意再来投奔我们的。"

如果我们遇事多考虑一下，对他人讲几句关心的话，设身处地为他人多着想，就可以避免许多尴尬的场面了。

法国著名作家圣苏荷伊曾在作品中写过："我没有任何权利去做或说任何事来贬低一个人的自尊心，重要的不是我觉得他怎么样，而是他觉得他自己该怎么样。伤害人的自尊是一种罪过，这也包括不给人留面子。"在人际关系中，如果你想让别人支持你、尊重你，就要学会尊重对方。给他人面子便是尊重对方的重要表现。

其实，生活中给对方留面子是一种互助的行为，如果你是一个不看重面子问题的人，那么在工作或者生活中，你往往是个不被大家喜欢的人。当你被多数人的反感时，你肯定不可能让他人接受你的意见或者观点。所以，要想与他人和睦相处，就要时时处处给别人留点面子，事事注意分寸。同样，你在给他人留面子的同时，也为自己铺就了一条通向成功的阳光大道。

面子是一个人的尊严，很多人可以失去利益，但不能失去面子，它代表一个人的地位。所以，要想得到他人认可，就要善于从对方的角度考虑问题，给对方留足面子。

“扶起”落难的朋友

善待落难的朋友，可以维系友谊，同时也是在善待自己。

从人生的角度来看，人们不可能完全一帆风顺。当人们落难的时候，正是对周围的人们，特别是对朋友的考验。转身而去的人可能从此成为路人，同情、帮助自己渡过难关的人，可能会铭记一生。所谓“莫逆之交”“患难朋友”，往往就是在困难时期产生的，这时形成的友谊是最有价值的，也最令人珍惜。

俗话说：“三十年河东，三十年河西。”人们自然喜欢结交当下很有价值的朋友，但是，面对落难的朋友，也不能置之不理。

晋代一个名叫荀巨伯的人，得知朋友生病卧床，便前去探望。不料正赶上敌军攻破城池，烧杀掳掠无恶不作，百姓们纷纷携妻挈子，四散逃难。朋友劝荀巨伯说：“你赶快逃命去吧。我重病在身，根本逃不了，更何况我自知已活不长了，跟着你只能拖累你，你赶快离开这里吧！”

荀巨伯并不是贪生怕死之辈，他对朋友说：“我怎么能弃你于不顾呢？你把我看成什么人了？我不辞山高路远来此地，就是为了照顾你。现在，敌军进城，你重病在身，我更不能扔下你不管。”说完转身到厨房给朋友熬药去了。

朋友语重心长地劝了半天，让他快些逃走，可荀巨伯却照样端药倒水，像没听见一样。他反倒安慰朋友说：“你就安心养病吧！不要管我，我不会有事的，我在这里你还有个照应！”

这时只听“砰”的一声，门被敌军踢开了，冲进来几个凶神恶煞的士兵，冲着他们大喊大叫道：“你们是什么人？好大的胆子！还敢在这里逗留，你们难道不怕死吗？”

荀巨伯站起身，从容地走到士兵跟前，指着躺在床上的朋友说：“我的朋友病得很厉害，根本无法下地行走，我怎么可以丢下他独自逃命？请你们快快离开这里吧，别吓坏了我的朋友。如果你们有什么事，尽管找我好了。如果要死，我可以替他死，绝不会皱一下眉头。”原本杀气腾腾的士兵，对荀巨伯大义凛然的一番说辞和那无畏的态度很是钦佩，语气缓和了许多，说：“没想到这里还有品格如此高尚的人，这样的人我们怎么好迫害呢？我们走吧！”说罢，敌军就撤走了。

一个懂得善待自己落魄朋友的人，不仅能赢得朋友的真心，而且还为自己赢得了他人的钦佩。不少人总是可以敏感地觉察到自己的苦处，却对别人的痛处缺乏了解。他们不去了解别人的需求，更不会花工夫去了解；有的人甚至知道了也假装不知，大概是没有切身之苦、切肤之痛。

虽然很少有人能达到“人饥己饥，人溺己溺”的境界，但我们至少可以随时体察一下暂时不得势者的需求，多关心他们，帮助他们脱离困境。当他们遭到挫折而沮丧时，你应该给予鼓励。这样，不但维系了友情，而且一旦那位落魄朋友时来运转，落难时的那份温情就会显得弥足珍贵，如果日后需要他的帮助的话，转势之友定会义不容辞地伸出援手。

从一定意义上说，对待落魄、失势者的态度，不仅是对一个人交际品质的考验，而且也是建立良好人际关系的契机。世事沧桑，瞬息万变，起起伏伏，实难预料。昨天春风得意，今天也可能穷困潦倒；路边乞丐，一夜之间也可能平步青云……善待落难的朋友，可以维系友谊，同时也是在善待自己。

第十章

舍弃无谓的“忙碌”，收获简单的生活

返璞归真，简单生活

“简单”是一种生活的艺术与哲学。简单的生活也能诠释幸福。

许多人为追求舒适的物质享受、受人追捧的社会地位、显赫的名声等，把自己变得庸碌而烦乱；好些年轻人追求新潮、时尚，使自己被欲望所束缚，其中的根源，就是对物质享受的追求和对社会地位的尊崇。于是，人们拼命打工，或投机钻营，应酬、奔波、操心……很快就会发现自己很难再有轻松地躺在床上读书的时间，也很难再有与三五个朋友坐在一起“侃大山”，甚至会忙得忽略了自己孩子的生日，忙得没有时间陪父母叙叙家常……

这样的生活让我们失去了简单的快乐，在复杂的社会中失去了自我。

一位得知自己不久于人世的老先生在日记本上记下了这段文字：

“如果我可以从头活一次，我要尝试更多的错误，我不会再事事追求完美。我情愿多休息，随遇而安，处世糊涂一点，不对将要发生的事处心积虑地计算。可以的话，我会去多旅行，跋山涉水，更危险的地方也不妨去一去。过去的日子，我实在活得太小心，每一分每一秒都不容有失，太过清醒了。如果一切可以重新开始，我会什么也不准备就上街，甚至连纸巾也不带一块。如果可以重来，我会赤足走在户外，甚至整夜不眠。还有，我会去游乐园多骑几次木马，爬上山头多看几次日出，和公园里的小朋友玩耍……只要人生可以从头开始。但我知道，不可能了。”

他是个地地道道、彻头彻尾的商人，毕生奋斗在竞争激烈的商场中，弄得自己心力交瘁。为此，他总是能找到借口自我安慰：“商场如战场，我身不由己，我身不由己呀！”

直到临终前，老先生才彻底觉悟，生活不需要很多钱，简单生活，让自己快乐才是最珍贵的。简单生活，并非物质匮乏，但一定是自在的精神；简单生活，也不是无所事事，而是心灵的单纯。回归真实的内心，才是真正地富足。

简单的生活是快乐的源头。它让我们回避了外物的烦恼，也为我们开阔了自由施展的空间。

“简单生活”并不是要我们放弃追求，放弃劳作，而是说要抓住生活、工作中的本质和重心。简单生活不是自甘贫贱。你可以开一部昂贵的汽车，但仍然可以使生活简化。一个基本的概念在于你想要改进你的生活品质。关键是诚实地面对自己，想想生命中对自己真正重要的是什么。

其实，“简单”是一种生活的艺术与哲学。简单生活是简单主义者的生活选择，无论是田园隐居，还是返璞归真，抑或自愿选择清贫如洗。值得提醒的是：自愿“简单”只是途径，而不是目的。

首先是外部生活环境简单化。当我们不再为外在的生活花费更多时间和精力的时候，也就为内在的生活提供了更大的空间。内在生活调整和简单化之后，我们可以更加深刻地认识自我的本质。

现代医学已经证明，人的身体和精神是紧密联系在一起的，当身体被调整到最佳状态时，精神才有可能进入轻松状态；当人的身体和精神进入佳境时，人的生命力才更加旺盛。

有些人倡导过一种“简单的生活”。他们试着离开汽车、电子产品、时尚圈子，看能不能活得快乐。这被称作“草根运动”。他们强调简化自己的生活，并非完全抛弃物欲，而是要把分散在身外浮华物上的注意力转移出一部分，放在人的精神上和心灵情感上，从而过一种平衡和谐从容的生活，做一个真正有感知力的人，实质上也是提升了生活品质。

也许今天我们所说的“简单”，应该是带有后现代的意味，在时代的进步中，我们不再受清贫。由文化反思所带来的对“苦行僧”式的生活追求，并非我们今天所提倡的简单生活，肉体上磨炼和精神上充实，应该是同步的。

我们现在所追求的“简单”指的是有快乐意义的生活，真诚、和谐、悠闲且幸福。一个清洁工和一个公司总裁同样都可以选择过简单的生活；一个隐居者和一个百万富翁同样都可以简化生活，充分享受人生的乐趣；一个8岁的孩子和一位耄耋老人，如果认同简单的做法，他们也同样可以更充分地吸取生活的营养，快乐地生活。

学会给自己减负，摒弃“复杂”，过简单的生活，也能诠释幸福。

还自己一颗童心

随时用一颗童心去看世界、看生活，就能发现生活中别样的颜色。

童心如朝露，天然纯净，因而弥足珍贵，但也容易破碎干涸。成人的世界规行矩步，人与人之间交往，能以童心换取童心才是其乐无穷。

明代的李贽写过一篇文章《童心说》，里面说：“夫童心者，真心也；若以童心为不可，是以真心为不可也。夫童心者，绝假纯真，最初一念之本心也。若夫失却童心，便失却真心；失却真心，便失却真。”就是说简单平凡的“小幸福”，要有一颗纯真、质朴的童心才能够体会到。莫让失落的童心在这个纷繁复杂的世界里搁置，请把你那颗心深深地根植在童趣的沃土里。随时用一颗童心去看世界、看生活，就能发现生活中别样的颜色。

成功学大师戴尔·卡耐基在其《快乐的人生》中记载了自己的一次关于简单幸福的体验：

“有一次，我与一个和睦的家庭共同度过一个难忘的夜晚。次日清晨，我们在餐厅内共进早餐。这个餐厅最为别致之处，就在于它四周的墙壁分别挂有男主人童年生活的乡村景观图片。图片中除了反映男主人的童年生活外，还有高低起伏的丘陵、暖阳照耀的山谷、涟漪荡漾的小

河……清澈的水流在弯弯曲曲的径道中曲折而行。河流旁边不规则地散落着许多小房子。

“当大伙用过早餐之后，男主人欣然指着壁上的画，对大家讲起他从前的快乐回忆：我偶尔坐在餐厅中，看着壁上的画，不禁置身于往事之中。譬如，想起小时候的我总爱赤着脚在小溪中走来走去，即使时日已远，但我仍然清楚地记得在我脚下的那些泥土多么细软。春天时，我们在小河边钓鱼；夏天时，我们坐着木板从丘陵上一路滑下去。”

“‘在童年的记忆中，最令我难以忘怀的还有那个高高尖尖的教堂……’这位男士满脸洋溢着微笑继续说着，‘有时，当我累了或精神紧张时，我便坐在这儿安静地观赏画中的教堂，它让我重拾旧时那段纯真无瑕的时光，它真的能带给我平和的心态！’”

或许并非每个人都有这么美丽的童年回忆，但是每个人都可以拥有一颗质朴、纯净的心灵，当你为忙碌和沉重的生活而感到不堪重负的时候，不妨试着还自己一颗童心，还自己一份简单自然的心情。

其实，每个人都不乏童心，只不过成人迷恋于圆熟的现实，有意无意间将童心主动丢掉。

一个拥有童心的人，便具有极单纯形态的幸福，想要拥有永远的幸福，我们就要避免让自己的精神变得衰老、迟钝或疲倦，并始终以一颗单纯的心去面对生活。

跳出忙碌的圈子，丢掉过高的期望

抛开一切事情，什么也不干，一旦养成了习惯，你的生活质量得以改善。它能把你从混乱无章的感觉中解救出来，让头脑彻底净化。

你是否发现自己经常莫名其妙地陷入一种不安状态之中，却找不出合理的理由。面对生活，我们的内心会发出轻微的呼唤，只有躲开外在的嘈杂喧闹，静静聆听并听从它，你才会正确选择。

一些过高的期望其实并不能给我们带来快乐，却一直左右着我们的生活：拥有宽敞豪华的寓所；拥有完整的婚姻；让孩子享受最好的教育，成为最有出息的人；努力工作以获得更高的社会地位；有能力买高档商品；跟上流行的大潮，永不落伍……

要想过一种简单的生活，改变这些过高的期望是很关键的。富裕奢华的生活须付出巨大的代价，而且未必能相应地给人带来幸福感。如果我们降低对物质的需求，改变这种奢华的生活目标，我们将节省下更多的时间来充实自己。“幸福、快乐、轻松”是简单生活追求的目标。这样的生活更能让人认识到生命的真谛所在。

生活须经简单来沉淀。跳出忙碌的圈子，丢掉过高的期望，走进自己的内心，认真地体验生活、享受生活，你会发现生活原本就是简单而富有乐趣的。简单的生活既不是忙碌的生活，也不是贫乏的生活，它

只是一种不让自己迷失的方法。你可以因此抛弃那些纷繁而无意义的生活，全身心体验生命的至高境界。

一位专栏作家曾这样描述过一个美国普通上班族的一天：

早晨7点闹钟铃声响起，起床开始忙碌：洗澡，穿职业套装——有些是西装、裙装，另一些是大套服，医务人员穿白色的，建筑工人穿牛仔裤和法兰绒T恤。吃早餐（如果有时间的话）。抓起水杯和工作包（或者餐盒），跳进汽车，接受每天“高峰时间”的惩罚。

从上午9点到下午5点工作……工作忙忙碌碌，微笑着接受不现实的最后期限。当“重组”或“裁员”的噩运落在别人头上时，自己便长长地松了一口气。

下午5点整，坐进车里，行驶在回家的高速公路上。与爱人、孩子或室友说说话。吃饭，看电视，然后睡觉。

一天就这样过去了。

文章中描写的那种机械无趣的生活离我们并不遥远。我们和美国普通劳动者一样，每天都在工作中忙碌着，置身于一件件做不完的琐事和想象不到尽头的杂念中。越是这样，我们就越须抛开一切，让自己清静一会儿。

可以每天抽出一小时，一个人静静地待着，什么也不做。当然前提是，你要找一个清静的地方，否则如果有熟人经过，你们一定会像往常那样漫无边际地聊起来。也许刚开始的时候，你会觉得心慌意乱，因为还有那么多事情等着你去做，你会觉得这样干坐着，分明就是在浪费时间。可是，如果你把这些念头从大脑中赶走，坚持下去，渐渐你就会发现整个人都轻松多了。这一个小时的“清闲”让你感觉很舒服，干起活来也不再像以前那样手忙脚乱，你可以很从容地去处理各种事务，不再有逼迫感。你可以逐渐延长空闲的时间，四小时、半天，甚至一天。

抛开一切事情，什么也不干，一旦养成了习惯，你的生活质量得以改善。它能把你从混乱无章的感觉中解救出来，让头脑彻底净化。

用“沙漏哲学”过滤心情

人生在世，必然要面临各种各样的压力。当你学会调整自己，让压力一点一滴而来，按部就班，压力会不断推动着你努力前进。

现代生活中事业和家庭的双重责任让很多人无法承受其中的压力。有些人会诅咒压力、憎恶压力，在压力中消沉，甚至在压力中崩溃，选择一些极端的解决方式。这样的例子不胜枚举。

压力到底是一种什么样的东西，可以有如此大的摧毁力。压力来自方方面面，繁重的工作、生活中的各种琐事、情感纠葛、人际关系紧张都可能造成压力，让你感觉到一种“备战状态”，精神高度紧张，随时等待着灾祸发生。

绝大多数人都面临着相似的境况，尤其是当经济形势不景气之时，大家都在担心自己的饭碗能否保得住、高额的房贷如何偿还、父母子女等待供养……

承受着压力是一个现代人的生活常态。但问题是，一些人似乎能够承受，而另一些人却被压力击垮。其实，外部压力的大小只是很小的一部分原因，更大的原因来自于自身。也就是说，是我们自己让自己的心灵背负了沉重的压力。

其实，完全没有心理压力的情况是不存在的。如果你的生活失去了压力，那么“空虚”就会找上门来。无所事事、对生活失去兴趣的状态，比高压状态更加不利于人的心理和生理健康。其实有很多生活在高压中的人也是能够笑对压力的。

我国知名的心理咨询专家曾奇峰先生说过：心理压力是魔鬼与天使的混合体。它就像是能带给人心灵和躯体双重伤害的魔鬼。另一方面，压力又能让我们保持较好的觉醒状态，使智力活动处于较高的水平，可以更好地处理生活中的各种事务。

压力是一种常态，不善于与压力相处的人就会打破这种状态，使自己的精神和身体陷入崩溃的边缘。如何与压力相处，关键是承受者的心态和耐力。与其在压力来临时诅咒它，不如从自身做起，改观心态，增强心理承受力，更要学习怎样把压力一点一滴地释放。

现代人大都背负着沉重的生活压力，时常担心这个，担心那个。面对这么多的压力，你该试一试“沙漏哲学”。既然你所忧虑的事不是一时半刻就能改变的，就应该用另一种心情去面对。

第二次世界大战时期，米诺肩负着沉重的任务，每天花很长的时间在收发室里努力整理战争中死伤者和失踪者的最新记录。源源不绝的情报接踵而来，收发室的人员必须分秒必争地处理，一丁点儿的小错误都可能会造成难以弥补的后果。米诺的心始终悬在半空中，小心翼翼地避免出现任何差错。

在压力和疲态的袭击之下，米诺患了结肠痉挛症。身体上的病痛使他忧心忡忡。他担心自己从此一蹶不振，又担心自己是否能支撑到战争结束，活着回去见他的家人。在身体和心理的双重煎熬下，米诺整个人瘦了下去。他想自己就要垮了，几乎已经不奢望会有痊愈的一天。身心交相煎熬，米诺终于不支倒地，住进了医院。

军医了解了他的状况后，语重心长地对他说：“米诺，你身体上的疾病没什么大不了，真正的问题出在你的心里。我希望你把自己的生命想象成一个沙漏，在沙漏的上半部有成千上万粒沙子。它们在流过中间那条细缝时，速度是平均而且缓慢的，除了弄坏它，没办法让更多沙粒同时通过那条窄缝。人也是一样，每一个人都像是一个沙漏，每天都是一大堆的工作等着去做，但是我们必须一次一件慢慢处理，否则我们的精神绝对承受不了。”

医生的忠告给了米诺很大的启发，从那天起，他就一直奉行着这种“沙漏哲学”，即使问题如成千上万粒沙子般涌到面前，米诺也能沉着应对，不再杞人忧天。

他反复告诫自己：“一次只流过一粒沙子，一次只做一项工作。”

没过多久，米诺的身体便恢复正常了。从此，他也学会了如何从容不迫地面对自己的工作。

人们分身乏术，不可能把所有的事情一同解决，那么又何必为那么多事情而烦恼呢？不能立即改变的事，再怎么担心忧虑也只是空想而已，事情并不能马上解决；应该试着一件一件慢慢来处理，全心全意把眼前的这件事做好。

人生在世，必然要面临各种各样的压力，当你学会调整自己，让压力一点一滴而来，按部就班，压力会不断推动着你努力前进。

压力是客观存在的。我们不可能减掉所有的压力，但是把压力放在沙漏里，让它一点一点地囤积，又一点一点地漏下，我们的生活就能找到平衡点，心情也能逐渐归于平静，人才能活得轻松自在。

复杂问题，简单处理

我们做事情就像擦火柴，总担心没擦准，而慢慢地擦，火反不容易点着。

事情其实很简单，但人们往往把它们复杂化了。

我们接受的普通教育和大多数训练都指导我们把握每一个可变因素，找出每一个应对方案，分析问题的角度应尽可能多样化。因此，事情也变得异常复杂，我们当中“最优秀”的人提出了“最佳”的建议和方案。这些建议和方案无疑也是最复杂的。

久而久之，我们开始习惯于一种思维定式——最复杂的就是最好的。复杂化的问题从小就开始伴随着我们，成为我们生活和工作的一部分。

有一家杂志社曾举办过一项奖金高达数万元的有奖征答活动，内容是：

在一个充气不足的氢气球上，载着三位关系着人类命运的科学家。

第一位是一名粮食专家。他能在不毛之地，甚至在外星球上，运用专业知识成功地种植粮食作物，使人类彻底脱离饥荒。

第二位是一名医学专家。他的研究成果可以使人类彻底摆脱诸如癌

症、艾滋病之类绝症的困扰。

第三位是一名核物理学家。他有能力制止全球的核战争，使地球免于遭受灭亡的绝境。

此刻热气球即将坠毁，必须丢出去一个人以减轻重量，使其余的两人得以存活。请问，该丢出去哪一位科学家？

征答活动开始之后，因为奖金丰厚，很快吸引了社会各界人士广泛参与，并且引起了某电视台的关注。在收到的应答信中，每个人都使出浑身解数，充分发挥自己丰富的想象力，来阐述他们认为必须将哪位科学家丢出去的“妙论”。

最后的结果通过电视台揭晓，并举行了热烈的颁奖仪式，高额奖金的得主是一个14岁的小男孩。他的答案是：将最胖的那位科学家丢出去。

其实，处理复杂问题最有效的方法是“简单”。美国通用电气CEO杰克·韦尔奇说：“你简直无法想象让人们变得简单是一件多么困难的事。他们恐惧“简单”，唯恐一旦自己变得简单，就会被人说成是大脑简单。而现实生活中，事实正相反，那些思路清楚，坚韧不拔的人们正是最懂得简单的人。”

我们在做事情的时候也应当注意从最简单、最容易把握的事情做起。我们做事情就像擦火柴，而慢慢地磨，火柴反而不易点燃。火柴要擦出火，就必须在瞬间快擦——速度。

为了让自己的工作更有效，也为了使自己保持长久的激情，我们在挑战自己、给自己出难题的同时，不妨也为自己的工作找出一些突破口，从简单的事情入手。

给自己留点闲暇时间

你可以用一些言辞上的技巧来减少你的承诺，让你可以拥有更多属于自己的时间。

有时候，我们为了赢得“热情”“乐于助人”“讲义气”等美名，不去拒绝别人的要求。答应了别人的事，如果做到了还好，若是做不到又拼命努力去做，甚至不惜撒谎和欺骗，最后只会把自己弄得疲惫不堪。所以，不肯拒绝别人的要求，永远说“没问题”，并不会让自己快乐，反而会给我们的生活带来不必要的压力和负担。

因为经常对别人承诺，我们会觉得自己是个牺牲者，有太多事要做而无法休息，或者因为我们拒绝别人的请求而产生内疚感，所以我们总是陷入进退维谷的境地。

因此，在你开始过简单生活的时候，一定要告诉自己：力争减少对别人的承诺，不论是对朋友还是对家人。如果别人的邀请对你来说是没有吸引力，甚至是无聊乏味、浪费时间的，你应该学会断然而礼貌地拒绝。

戴尔·卡耐基告诉我们：“你可以用一些言辞上的技巧来减少你的承诺，让你可以拥有更多属于自己的时间。”因此，你不妨在言辞上多下工夫试试看，或许会有效果。

哈里是一位成功的部门经理，他为人随和并且乐于助人，这让他赢得了极好的人缘，但同时也给他的生活带来了不少的麻烦。哈里为人热情，但他也有一个重要的缺点，那就是他处理社交问题很不果断。如果有人向他发出邀请，即使他不愿意去，也很难表示拒绝。

他穿戴整齐，又要去参加另一个乏味的聚会，而不能留在家里看自己喜欢的片子。他总会无奈地想到：自己竟不能掌握自己的生活。

有一次受到邀请的时候，他正在陪孩子读卡通书。那个晚上，他很不想离开家，可是坚决地予以回绝，又好像不太礼貌。于是他撒了个小谎，说身体不太舒服，想留在家里休息。这样，他为自己赢得一个轻松安静的晚上。

哈里教会了我们一个如何有效拒绝他人的方法。把可以作为拒绝邀请的理由写在纸上，列成清单放在电话机旁边。在接到那些我们不喜欢的邀请的时候，就随时能找到一些合理的理由，委婉地回绝。虽然这样会导致我们社交活动减少，但我们不该为此感到遗憾。学会说“不”解放了我们的时间和生活，使我们有更多的时间去做自己喜欢做的事，我们的生活也会变得简单、轻松，充满乐趣。

忙里偷闲，亲近自然

我们千万不要只注重享受物质生活，只顾着追逐工作所带来的辉煌成就，我们要学会适当地放松自己，享受生活自在安闲的真正乐趣。

或许你有这样的感觉：一场又一场的忙碌、紧张、压力接踵而至，压抑、侵扰着你的生活。在经历了无数的忙碌与劳累之后，你的身心早已倦怠。那么，何不去忙里偷闲一下？寻找一方宁静的水土，让自己小憩一下。

陶潜在南山旁筑了间小屋，篱下种满菊花，于是有了“采菊东篱下，悠然见南山”的舒适与闲逸；李乐薇为自己搭建了一座“星星点点，缥缈的空中楼阁”，让自己的心有一个停歇安闲的地方。我们也要为自己的心造一间房子，开一扇小窗，享受“面朝大海，春暖花开”的美丽安宁，自在悠闲地生活。

累的时候，就让自己平躺在草地上，闭上眼睛，感受着风穿过的声息，想象着南来北往的风把你的一切烦恼、劳累都吹散了。你就只须沐浴着温暖的阳光，享受生活所赋予的快乐和惬意，然后一身轻松地继续行走在人生的征途上。

如果你感觉烦恼，感觉身体疲倦，那么就请你现在就走出去，亲切地拥抱美丽而宁静的大自然，让大自然迷人的风景，将你所有的烦恼与

疲倦洗去，让自己过上自在悠闲的生活。

这里能够让你忘掉繁杂吵闹的市区，你只要用心来感受大自然的美，感受大自然的静，就能享受到大自然给你带来的快乐。

穿梭在时而拥挤、时而疏散的人群中，弥漫的世尘有时让人感到难以自由呼吸，烦恼的琐事让人感到寒冷刺骨，彻夜难眠。当你行走在宽广的野外，以天为被，以地为席，享受着大自然带来的乐趣，感受壮观的大自然，体验大自然美妙的景色，感受那份自在与悠闲，就会体验到前所未有的“放松”。

白小灵是个小白领，整日忙忙碌碌，似乎从来都没有时间、没有心情去让自己放松一下，永远都是将头埋在那厚厚的文件里。直到被工作的压力压得实在喘不过气，她终于觉得应该让自己休息一下，应该出去走一走，放松一下了。但她只是去广场之类的游乐场所转转。到年终时自己已经感觉身体被抽空了，精神状态已经到了接近崩溃的边缘，于是她决定利用休假时间，一个人到云南旅游散散心。

从白小灵踏上云南的土地那一刻开始，她的身心极大地放松。她游山观水赏花，用心聆听大自然的声音。她遍游青山野湖，看荒草碧连天，溪水长鸣。雀儿歌唱，鸬鹚衔鱼。这一切的一切让她看得入迷，让她对生活如释重负。休假归来后，白小灵整个人的精神面貌焕然一新。现在的她气色很好，对工作也有了饱满的热情。

我们千万不要只注重享受物质生活，只顾着追逐工作所带来的辉煌成就，我们要学会适当地放松自己，享受生活自在安闲的真正乐趣。

当然，人们还可以调适一些小的细节，并把它们一点点积累起来，慢慢地在细节中感受生活的自在安闲：

在杯子中放几缕茶叶，用开水冲下去，原本卷曲的茶叶在水的滋润下舒展开来，渗出淡淡的绿色，渐渐地，茶香四溢，沁人心脾。品一杯香茗，听一曲轻快的歌，在某个阳光灿烂的午后，搬一张躺椅躺在阳台上，让身体和心灵都打一个盹，尽情享受那份悠闲。

在灿烂的阳光里，欢快地哼起小曲儿，听鸟儿欢快地鸣叫，感受一份惬意。

独自在寂静的小道散一会儿步，或早晨早起，独自欣赏日出的绚丽景观，或在公园小椅上闲坐片刻……

当我们学会了自在悠闲地生活时，就会有一种甜蜜、温柔的感受穿透全身，整个人会变得轻松了起来，我们的人生也将更加从容、宁静、快乐。